JN043737

60分でわかる！ THE BEGINNER'S GUIDE TO
DIGITAL TRANSFORMATION

DX

デジタルトランス
フォーメーション 最前線

兼安暁 著

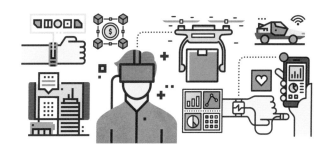

技術評論社

Contents

Chapter 3
ビジネスモデルの変革

Chapter 4
DXによる新規事業の開発

Chapter 5
DXによる既存事業の変革

Chapter 6
業種ごとのDXによる変革

Chapter 7
DXを進めるためのステップと事例

Chapter 8
DXの今後の展望

Chapter 1

DXの
最新状況

001

DXって、どこまで進んでいるの?

大企業が進む一方、中小企業はまだ発展途上

2018年に経済産業省が「DXレポート」を発表して以来、政府は国と企業双方におけるDX(デジタルトランスフォーメーション、詳細はChapter 2で解説)の必要性を訴えてきました。菅政権になり、デジタル庁を創設するなど、政府は政府機関と企業のDXの成功をさらに深刻に考えて政策に反映し始めています。そして政府の動きに呼応するように、産業界も動き始めています。

独立行政法人情報処理推進機構(IPA)が2020年5月に発表した、国内企業を対象にした調査結果によると、従業員1,001人以上の企業の78%弱がDXに取り組んでいます。しかしながら、従業員数が少なくなるほど取り組んでいる割合は少なくなり、全体では41%に過ぎません。

一方で、その内容は、業務効率化や生産性向上、既存商品・既存サービスの付加価値向上のような、**単なるIT化と思われるものが大部分**のようです。取り組み率78%の従業員1,001人以上の企業でもビジネスモデル変革(Chapter 3参照)を行っているのは全体の3分の1で、そのうち成果を出している企業はわずか7.6%にとどまっています。

また、取り組み内容にビジネスモデル変革が入っていない企業が多いことも注意点です。これまで効率化や生産性向上が得意とされてきた日本企業も、付加価値向上どころか、ビジネスモデルを変えるといった変革にさえ慣れていないことが浮かび上がってきます。

DXの進み具合

日本企業におけるDXの進み具合

従業員規模別×取組状況

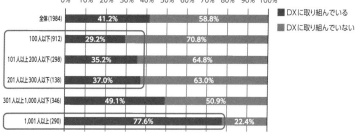

出典:独立行政法人情報処理推進機構「デジタル・トランスフォーメーション(DX)推進に向けた企業とIT人材の実態調査 〜概要編〜」P.8、2020年5月14日

▲従業員1,001人以上の企業では78%近くがDXに取り組んでおり、従業員が多い企業ほど、DXを推進していることがわかる。

日本企業におけるDXの取り組み内容

従業員規模1,001人以上の企業(n=290)

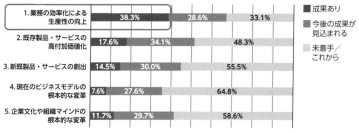

出典:独立行政法人情報処理推進機構「デジタル・トランスフォーメーション(DX)推進に向けた企業とIT人材の実態調査 〜概要編〜」P.10、2020年5月14日

▲取り組み比率が相対的に高い従業員規模1,001人以上の企業においても、成果が出ている取り組み内容は、業務効率化による生産性向上が中心となっており、ビジネスモデルの根本的な変革の成功例は少ない。

002

コロナ対策でDXが進んでいる というのは本当?

デジタル化の強化が進む一方、DXにはあと一歩

新型コロナウィルスの影響で、対面業務や密な状況のリスクが認識されるようになり、政府からの在宅勤務への切り替え要請も加わった2020年3月以降、急速にリモートワークに切り替える企業が増えました。しかし、自宅のパソコンでの業務利用の難しさをはじめ、基幹システムにアクセスできなかったり、ネットワーク容量の不足によって社員が同時にビデオ会議を行うことができなかったりするテレワーク環境の不備、遠隔業務を行う社員への評価手段に関する課題、社内の承認や決裁が紙ベースで行われているため出社せざるを得ない状況など、多くの理由で困難に直面しています。

このように**突然デジタル化が必要とされたことで、DXが注目され、認知が一気に進んだものの、上記の多くの困難に対応できた企業は、従業員1,000人以上の企業でも5割に過ぎません**。これらの企業でもテレワーク環境が整備されたものの、承認・決裁などの電子化まで実現できているのは20%未満で、営業・商談までオンライン化を実現している企業に至っては8%程度です。しかしながら、こういったデジタル化が進むことは、既存業務の効率化や生産性向上に大いに貢献するものの、ビジネスモデル変革という本来のDXには至りません。

一方で、欧米では非対面の医療の試みとして、チャットボットとAIを利用した問診が始まっています。日本では既得権益などもあってこうした試みは限定的ですが、既存権益を守ることは、次世代の産業の芽を摘むことにつながります。

コロナ対策で進むデジタルトランスフォーメーション

出典:株式会社ネオマーケティング「DXの取り組みに関する調査」

▲新型コロナウイルスの影響によって、デジタル化が強化されたと回答した企業は、従業員1,000人以上の企業でも50%、全体でも3割程度だ。DXへの取り組み同様、企業規模が小さいほど対応が遅れている。

新型コロナウイルスの影響によって進んだデジタル化の内容

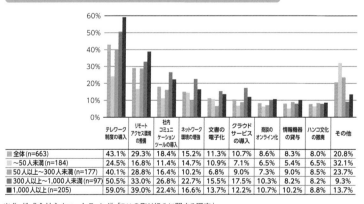

	テレワーク制度の導入	リモートアクセス環境の整備	社内コミュニケーションツールの導入	ネットワーク環境の増強	文書の電子化	クラウドサービスの導入	商談のオンライン化	情報機器の貸与	ハンコ文化の撤廃	その他
■全体(n=663)	43.1%	29.3%	18.4%	15.2%	11.3%	10.7%	8.6%	8.3%	8.3%	20.8%
■～50人未満(n=184)	24.5%	16.8%	11.4%	14.7%	10.9%	7.1%	6.5%	5.4%	6.5%	32.1%
■50人以上～300人未満(n=177)	40.1%	28.8%	16.4%	10.2%	6.8%	9.0%	7.3%	9.0%	8.5%	23.7%
■300人以上～1,000人未満(n=97)	50.5%	33.0%	26.8%	22.7%	15.5%	17.5%	10.3%	8.2%	8.2%	9.3%
■1,000人以上(n=205)	59.0%	39.0%	22.4%	16.6%	13.7%	12.2%	10.7%	10.2%	8.8%	13.7%

出典:株式会社ネオマーケティング「DXの取り組みに関する調査」

▲新型コロナウイルスへの対応がもたらしたデジタル化の内容の多くは、テレワークをはじめとした遠隔コミュニケーションに関するものが多く、事務作業や商談の電子化は10%前後にとどまっている。

003

世界ではどこまで
DXは進んでいるの?

DXを進める企業に加え、ユニコーン企業の収益率が増加

　海外におけるDXの進捗状況はどのようなものなのでしょうか。2017年時点のマッキンゼーによる調査では、何も手を打っていない伝統企業や、新たな市場で活路を見出した伝統企業に比べて、DXを進めている企業のほうが高い成果を出していることが示されています。

　これらにも増して重要なことは、**DXを進めた伝統企業よりも、UberやFacebookなどのデジタルネイティブ企業のほうが収益率の増加が顕著**だということです。この傾向は、今後ますます大きくなるでしょう。上記のデジタル企業には、いわゆるユニコーン企業が含まれていない可能性が高いからです。ユニコーン企業とは、創業して10年未満にもかかわらず企業価値が10億ドル（およそ1,000億円）で未上場のテクノロジー企業のことです。CB Insightsの「ユニコーン企業全リスト」（https://www.cbinsights.com/research-unicorn-companies）によると、2021年3月時点で世界に614社あり、米国と中国だけで全体の8割を占めるものの、東南アジアやインドでも生まれています。これらの企業は、現在の売り上げや収益がマイナスであっても、将来もたらされるであろう収益で推し量られて企業価値が決まっているため、マッキンゼーの調査における収益率の増加には反映されていない可能性が高いのです。

　ユニコーン企業は、デジタル技術を活用して新しいビジネスモデルを生み出し、既存の産業を破壊するディスラプターとなるともいわれており、今後の動向から目が離せません。

世界におけるデジタルトランスフォーメーション

海外におけるDXが進んでいる企業と伝統的な企業との収益率の差

企業タイプごとのEBIT（税引前利益）の増加率（%）

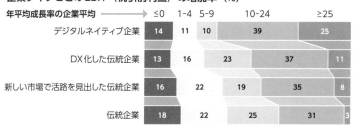

年平均成長率の企業平均 →　≦0　1-4　5-9　10-24　≧25

	≦0	1-4	5-9	10-24	≧25
デジタルネイティブ企業	14	11	10	39	25
DX化した伝統企業	13	16	23	37	11
新しい市場で活路を見出した伝統企業	16	22	19	35	8
伝統企業	18	22	25	31	3

出典：マッキンゼー「How digital reinventors are pulling away from the pack」Exhibit 4、2017年
https://www.mckinsey.com/business-functions/mckinsey-digital/our-insights/how-digital-
reinventors-are-pulling-away-from-the-pack

▲既存の企業がDXを実施しても、デジタルネイティブ企業ほどの収益率は得られないが、ほかのアプローチよりはよい結果が出ている。2017年時点で調査結果が得られるほど、海外ではDXが進んでいる。何も手を打っていない大部分の企業は減益も多く、収益増加率も低い。

ユニコーン企業トップ7社

企業名	企業価値	国	業界	主要株主
ByteDance	14兆円	中国	AI	セコイアキャピタル・チャイナ
滴々	6兆2,000億円	中国	自動車	マトリクスパートナーズ
スペースX	4兆6,000億円	米国	宇宙・通信	ファウンダーズファンド
Stripe	3兆6,000億円	米国	フィンテック	Khosia Ventures
Airbnb	1兆8,000億円	米国	旅行	ジェネラル・キャピタリストPTR
Kuaishou	1兆7,700億円	中国	通信	モーニングサイドVC
Instacart	1兆7,300億円	米国	EC	Khosia Ventures

出典：CB Insights「The Complete List Of Unicorn Companies」2020年

▲デジタル技術を活用した新しいビジネスモデルを生み出している企業の多くは、現時点でまだ利益を出していないところも多いため統計に載らないことに注意したい。

004
世界に先駆けて
中国で進むDXの事例

社会システムの導入にまで拡がるDX

　ドローン技術やスマートフォンでの決済など、中国では世界に先駆けて社会システムのデジタル化が進んでいます。日本でも最近導入されたQRコードによる決済のアイデア元である、中国のWeChat PayやアリババグループのAlipayは、掘っ立て小屋のような屋台ですら対応しているくらい普及し、中国国内での現金決済をほとんどなくしてしまいました。

　このような**社会システムのデジタル化によって、スマートフォンを活用した新たなアプリケーションが生まれ、DXを推進しています**。たとえば、いまやほとんどの飲食店では、紙のメニューを置いていません。そのかわりにテーブルの角にQRコードが貼られており、来店客がそれをスマートフォンで読み込むとメニューが表示され、そのまま注文できるようになっています。大人数で来店した場合でも、各々が自身のスマートフォンで注文し、その注文が厨房に直接届くため、注文ミスや提供忘れがなくなり、トラブルが減りました。さらには、決済もテーブルごとに一括でスマートフォンで行えるため、会計係がいりません。

　社会システムへの導入に至るまでDXが進んでいるのは、世界中でも中国だけかもしれません。青島では無人のコンテナターミナルが24時間365日休みなく操業し、アリババのお膝元の杭州ではIoTとAIを活用した交通管制システムが導入され、慢性的にあった渋滞が解消されたといわれています。また、AutoXというスタートアップ企業が、深センで無人タクシーサービスを開始しています。

中国におけるデジタルトランスフォーメーション

中国で進む電子マネー社会

飲食店

▲ モバイル決済の普及により飲食店の注文から会計までをデジタル化したことで、紙のメニューや注文ミス、会計時の煩わしさがなくなった。

IoTとAIを駆使した自律運転技術

青島の無人コンテナ港

杭州のAI自動交通管制システム

▲ IoTやAI技術が高度に発達している中国では、港湾や信号などがAIによって自律運転を行っている。とくに青島港では無人稼働が可能なため、24時間365日休みのない操業を実現している。

005

新興国で進むDXの事例

リープフロッグ現象により展開されるDX

　もともと何もなかった国が、突然新しいテクノロジーを用いたサービスを導入することで、先進国よりも進んだ社会を実現することを、カエルのひとっ飛びという意味の「リープフロッグ現象」と呼びます。

　ケニアは広大な国土にもかかわらず貧しい国であったため、とくに農村部の人たちが送金をしたり、お金を安全に保管したりする手段がありませんでした。自宅は小さく狭いため、お金を保管しておくスペースがなく、家を留守にしている間に盗難に遭うことも珍しくありません。銀行を利用するには遠い都市部まで何時間もかけて歩いて行かなくてはならず、その間に山賊に襲われる危険性もはらんでいます。こうした事情もあり、**携帯電話が普及すると、携帯通信会社が始めたモバイル金融サービスが瞬く間に普及した**のです。

　シンガポールのスタートアップ配車サービスのGrabは、Uberの東南アジア事業を買収したことで、東南アジア各国でほとんど独占的なポジションを築きました。Grabの普及によって、これまでのバイクによる家族の移動方法が変わっただけでなく、買ったモノを運ぶスペースが増えたことで購入量が増えました。**Grabは、この配車アプリにウォレット機能を搭載し、個人間の送金や店舗での決済を可能にすることで、FinTech事業も開始しています**。

　日本では、この分野でも既得権益者を守るための規制が邪魔をして、どうしても展開スピードは遅くならざるを得ません。

新興国におけるデジタルトランスフォーメーション

ケニアで普及したモバイル金融「M-PESA」

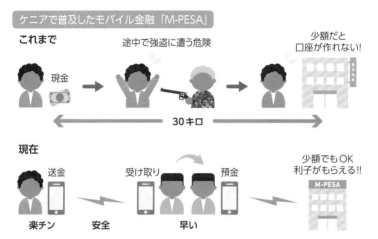

▲ かつて貧しい農村地域の人たちは、銀行をはじめとした金融サービスを受けることがなかなかできなかったが、モバイル金融による送金サービスの急速な普及により、銀行そのものがなくても困らない社会となった。

配車アプリが金融業を展開

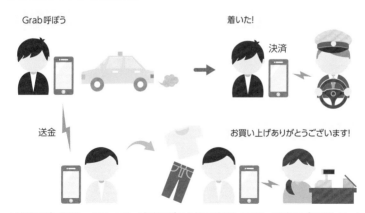

▲ 東南アジア版UberのGrabは、東南アジア各国で普及したのち、配車アプリにFinTech機能も搭載した。アプリ内に両替機能を付けることで、海外送金事業への展開の可能性も開けている。

Column

遅れを見せる日本企業のDX

　2020年12月28日、仕事納めの日の直前に、経済産業省からDXレポートの中間とりまとめ報告がなされました。そのレポートは、2018年のレポートでは「DX＝レガシーシステム刷新」といったように、本質ではない解釈を生んでしまったことを反省する内容になっており、2018年よりもさらに危機感をあらわにしたものでした。

　とりわけDXの推進状況について、DX推進指標の自己診断を集計した結果、95％がDXに未着手か、一部の部門での実施にとどまっているとの回答で、8ページで解説したIPAが行った調査結果よりも厳しい結果が出ています。さらには、自社のデジタル化の取り組み状況を「トップランナー」と評価する企業が4割あるものの、それらは現在のビジネスモデルの継続を前提としている企業や、部分的なデータ分析にとどまっている企業が多く、変革への危機感が低いと評価されています。

　つまり、経済産業省の現在の認識では、日本の企業のDXはほとんど進んでいないということです。この結果を見て、「わが社もDXは進んでいないが、他社も同じか」と安心してしまってはいけません。経済産業省が危機感を感じているのは、そうした企業は間違いなく国際競争に敗れ、10年後には存在していない可能性が高いということなのです。

Chapter 2

DXの
基礎知識

DXとはそもそも何か?

デジタル変革と訳されるが、変革より「変身」

DX（デジタルトランスフォーメーション）は「デジタル変革」と訳されます。しかし、トランスフォーメーションは本来、芋虫が蛹になり、蝶になるような場合に使用される言葉です。ハリウッド映画の「トランスフォーマー」で、ロボットがクルマに変身したり、形を変えたりするように、**まったく異なる形に変身すること**を意味します。つまり、DXもデジタル技術を応用してまったく異なる事業に変わることを指します。そういう意味では、「電脳化」という表現のほうが、より伝わりやすいかもしれません。

では、なぜ企業は別物に変わらなくてはいけないのでしょうか。それは、2000年代後半に、スマートフォンとクラウドサービスを活用し、自ら資産を持たずに事業展開を開始することで既存の産業を脅かす「スタートアップ企業」が次々と生まれたからです。

たとえば、1ヶ月のうち自家用車が利用されていない時間が90%以上といわれていることに着目して、タクシーが不足しているエリアで、ドライバーの空き時間をお金に換えるサービスをUberが提案しました。これによりUberは価格破壊を起こし、タクシー業界を窮地に陥れています。また、Airbnbは自ら部屋を持つことなく、空部屋を貸したい人と宿泊先を探している人をマッチングさせることで、世界中のホテル業・民宿の経営を脅かしています。

このようなデジタルネイティブ企業に産業を破壊される前に、事業体を変える必要があるため、DXの必要性が叫ばれているのです。

DXとは

トランスフォームの意味

芋虫が蝶になる

映画「トランスフォーマー」

▲トランスフォームとは、形がまったく異なるものに変わることを意味する。つまりDXは、事業そのものの形を変えるレベルのこと。

デジタルネイティブ企業の出現

提供価値
の見直し

資本集約　　伝統・歴史

他人資本
の活用

積極的な
リスクテイク

人件費・
コンテンツ費

非効率な
既存事業

デジタルネイティブ企業

既存産業

▲2000年代後半から、モノを持たないデジタルネイティブ企業が次々と生まれ、それまで多額の資本を注入することでモノを提供してきた産業をディスラプト（破壊）している現状がある。

007

経産省が発表した
DXレポートとは?

未来の経済損失を防ぐため国が産業界にDXを働きかける

あらゆる産業において、新たなデジタル技術を活用し、これまでにないビジネスモデルを展開して競争のルールを変えるスタートアップ企業が、米国をはじめ世界中で生まれています。また、これらの企業が既存産業を次々と破壊する事態が起きています。この現状に危機感を抱いた経済産業省は、2018年秋に「DXレポート」を発表しました。

DXレポートでは、DXの必要性を訴えるとともに、DXの推進を妨げる弊害が整理され、DXを成功させるために越えなくてはいけないITに関する課題がまとめられています。これは「2025年の崖」と称されています。なぜなら、**2025年までにこれらを解決してDXを成功させなければ、国の産業全体で毎年12兆円もの損失が発生しかねない**とされているからです。

とくに大きな課題とされているのは、**すでにある情報システム(伝統的で古臭いという意味を込めて「レガシーシステム」とも呼ばれる)が邪魔になっている**ということです。

たとえば、業務が止まらないようにレガシーシステムを動かし続けるだけで、IT予算の多くを消費してしまい、新しいIT投資を行えない企業は少なくありません。また、設計書がメンテナンスされていないために、最新の低コストの環境に載せ替えることさえできないケースも少なくありません。

さらに、**DXに適したスキルを保有している人材が圧倒的に不足している**ことも、強く指摘されています。

日本企業に忍びよる危機に、経済産業省が警告

あらゆる産業において、
ビジネスモデルを展開する
新規参入者が現れ、
ゲームチェンジが発生

→

既存産業の
DX推進の
低迷

→

経産省が
梃子入れ

▲ 新規参入者のデジタルネイティブ企業たちに対抗すべく、既存産業はデジタル技術を駆使して生まれ変わらなければならないと、経済産業省が警鐘を鳴らした。

2025年の崖とは

2025年までに、各社が下記の課題を解決できないと、2030年までに
最大12兆円/年（現在の3倍）の経済損失が生じる可能性が高い。

ブラックボックス状態　　　　**重いレガシーの負担**

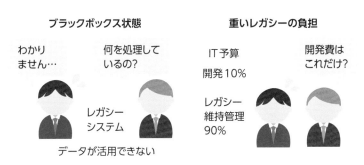

わかり
ません…

何を処理して
いるの?

レガシー
システム

データが活用できない

IT予算
開発10%

レガシー
維持管理
90%

開発費は
これだけ?

必要な人材の圧倒的不足

何それ?

求められるシステム

クラウド

マイクロサービス、コンテナ　etc...

▲ レガシーシステムの問題や人材不足を乗り越えなければ、日本の産業を担う企業は次々と
国際競争力を失っていく。

DXが企業にもたらすメリット

DXにより収益構造が根本的に変わる

　一般的には、DXによって既存事業のプロセスが大幅に改善され、コスト削減や顧客体験価値の上昇につながり、売り上げや利益が上昇すると思われがちです。しかし、DXのメリットはそれだけではありません。DXが求められる要因となった「新たなビジネスモデルを展開してゲームチェンジを起こす新規参入者（デジタルネイティブ企業）」の共通点を見ると、さらに注目すべきメリットが浮かび上がってきます。

　デジタルネイティブ企業の代表格であるAirbnbやUber、Facebookは、起業して10年にも満たない短期間で、それぞれ宿泊事業、交通機関、メディアの分野で世界最大の企業になっています。これらの共通点は、**既存企業が保有している部屋、車両、記者などの資産をいっさい保有せず、他人のものを借りている**というところです。また、そのコストも売り上げが上がったときにだけ発生します。

　既存企業が資本の多くを固定費に投下しているのに対し、デジタルネイティブ企業の固定費はシステム費用くらいしかありません。そして、そのシステムはクラウド上で運用されているために、ユーザー数が増加してもコストの上昇率は限られています。したがって、システム開発の初期費用は必要となるものの、**ある程度のユーザー数を得て初期費用分を回収できれば、あとはユーザーが増えるほど利益も増えていく**収益構造になっています。こうした構造がビジネスモデルの選択肢に余裕をもたらし、ゲームチェンジャーとして既存産業をディスラプトしているのです。

DXがもたらすメリットの1つは、固定費の削減

投下資本が少なくて済み、回収も早い

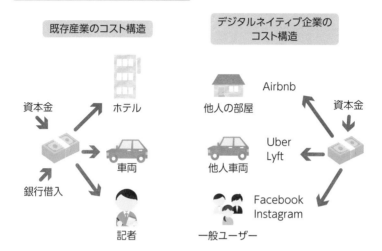

既存産業のコスト構造

デジタルネイティブ企業の
コスト構造

資本金 → ホテル

銀行借入 → 車両 → 記者

他人の部屋 Airbnb ← 資本金

他人車両 Uber Lyft ←

Facebook Instagram

一般ユーザー

| 固定資産の管理費や賃貸契約費、人件費などがかかる | 固定費はシステム開発費が中心で、費用の多くは売上原価が多い |

▲デジタルネイティブ企業は固定費をほとんど必要とせず、アイデア1つで身軽に始められる。また、固定費のほとんどがシステム開発費であり、投下資本の回収が早い。

限界コストが低いため、グローバル展開が容易

Airbnb | **Uber** | **Facebook**

コスト — 売上 | コスト — 売上 | コスト — 売上

ユーザー数 | ユーザー数 | ユーザー数

▲ビジネスをクラウド上で運用しているデジタルネイティブ企業では、ユーザー数が増えてもコストがほとんど上昇することはなく（限界コストが低く）、売り上げに占める初期費用の負担割合が減ることで利益率が上がる。物理的な制約がないため展開も容易である。

009

ビジネスモデルを変えるのがDX

これまでのITとは異なり、戦略的思考が重要となる

ITに対して苦手意識を持っている経営層が多い日本では、「デジタル」はITの領域と考えられがちですが、ITはあくまでも手段の一部に過ぎません。また、DXを変革と捉えている企業でも、かつてのBPR（ビジネス・プロセス・リエンジニアリング）をイメージして、業務プロセスのさらなる改善と捉えている人も少なくありません。

しかし、DXとはビジネスモデルを変えることを指します。ビジネスモデルとは、顧客が求めている価値を見直して、それを提供するしくみのことです。そして、**生活が豊かになるにつれて顧客が求めるものが変化し、ニーズがグローバルで共通化し始めているため、価値の見直しを行う必要性**が高まっています。

「ユニコーン」と呼ばれるスタートアップ企業（12ページ参照）は、新たに見つけた世界共通の顧客ニーズに対し、最速で価値を届けられるビジネスモデルで応えることで、既存の産業をディスラプトしています。これらに対抗しながら既存企業が生き残るためには、**スタートアップ企業と同様に、最速でグローバルに価値を届けられるビジネスモデルに、DXで変換しなければなりません。**

もちろん、IoTやAIを駆使して、業務プロセスの改善を進めることで、顧客の求める価値を提供しやすくなる場合もありますが、ビジネスモデル変革を意識することは必要です。

なお、DXによるビジネスモデルの変革の詳細については、Chapter 3で解説します。

DXにITは欠かせないが、顧客価値とビジネスモデルが最重要

DXとこれまでのIT・ICTの違い

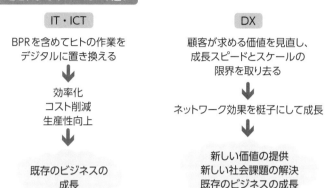

IT・ICT

BPRを含めてヒトの作業を
デジタルに置き換える

⬇

効率化
コスト削減
生産性向上

⬇

既存のビジネスの
成長

DX

顧客が求める価値を見直し、
成長スピードとスケールの
限界を取り去る

⬇

ネットワーク効果を梃子にして成長

⬇

新しい価値の提供
新しい社会課題の解決
既存のビジネスの成長

▲IT・ICTは、ヒトが担っていた作業・業務を自動化することで、オペレーションの効率化・生産性向上・コスト削減を実現してきた。一方で、顧客の求める価値を提供するために、成長のスピードとスケールを最大化できるビジネスモデルに変えることがDXである。

ビジネスモデルと利益構造

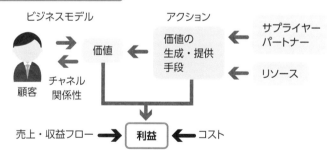

ビジネスモデル　　アクション

価値　←　価値の生成・提供手段　←　サプライヤー パートナー

顧客　チャネル 関係性　　　　　　　←　リソース

売上・収益フロー　➡　利益　←　コスト

ビジネスモデルで考えるべき課題

・顧客は誰?　　　　　　　　・どのように価値を生成・提供する?
・どんな価値を提供する?　　・そこからどうやって利益を生み出す?

▲ビジネスモデルとは、顧客に対して価値を提供して利益を上げるしくみのことである。

DXとAIやIoT、5Gとの関係は?

AIやIoT、5GはDXの手段として重要な役割を果たす

DXに先行して、多くの企業で導入が叫ばれているものに、AIやIoT、5Gがあります。これらはDXを実行するための手段として、非常に重要な役割を担っています。人間がこれまで行っていた業務をこれらに置き換えることで、業務プロセスが自動化されます。その効果は単なる効率化にとどまらず、これまでできなかったことの実現にもつながっています。

水道の検針業務を例に考えてみましょう。これまでは、水道局の職員が各家庭に訪問し、屋外に設置されているメーターを読み取り、前回からの水道使用量の差を基に水道料金を請求してきました。職員が各家庭に訪問する手間は非常に大きく、人件費を節約するには検針頻度を数ヶ月に1回にするしかありません。そうなると、請求のタイミングも数ヶ月に1回ということになってしまいます。

ところが、メーターにIoTセンサーを設置すれば、**職員がわざわざ検針のために各家庭を訪問する必要がなくなり、人件費を大幅に削減できます**。さらに、必要であれば水道の使用量を秒単位で取得することができるようになり、請求のタイミングも日単位にすることが可能です。

また、これまでは水漏れが発覚するタイミングは、数ヶ月に1回の水道の検診時でした。しかし、毎秒単位で水道使用量を測定できるようになると、**24時間途切れることなく使用量が増えている場合にはAIがそれを水漏れと判断して、即座に対応することができます**。

なぜIoTが注目されるのか?

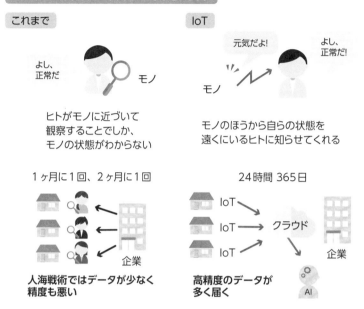

これまで

よし、
正常だ

モノ

ヒトがモノに近づいて
観察することでしか、
モノの状態がわからない

1ヶ月に1回、2ヶ月に1回

人海戦術ではデータが少なく
精度も悪い

企業

IoT

元気だよ!

よし、
正常だ!

モノ

モノのほうから自らの状態を
遠くにいるヒトに知らせてくれる

24時間 365日

IoT
IoT → クラウド
IoT

高精度のデータが
多く届く

企業

AI

▲IoTは、モノの状態を読み取るセンサーに無線通信機能が付いたものであるため、モノが自ら自身の状態を知らせてくれるようになる。

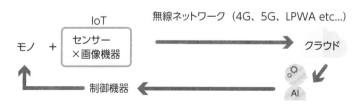

IoT　　無線ネットワーク（4G、5G、LPWA etc...）

モノ ＋ センサー
×画像機器

クラウド

制御機器

AI

▲IoTの無線通信の回線は、4Gや5Gのような公衆無線回線、無線LANやBluetooth、あるいはSigfoxやLoRaのようなLPWA（低電力長距離通信）でも構わない。IoTの発信するモノの状態からAIが状況を判断し、モノを制御する命令を送る密接な関係がポイント。

2

DXの基礎知識

ファクトリーオートメーションとDX

ファクトリーオートメーションでの自動化からDXでの電脳化へ

日本の製造業は、これまで工場の自動化・省力化に継続的に取り組み、ファクトリーオートメーションを実現してきました。そのため、ほとんど無人に近い状態で操業している企業も多いでしょう。このような場合に、DXといわれてまず考えるべきことは、どうしても人が行わなくてはならない業務についてです。

その1つに「検品」が挙げられます。たとえば、エアバッグの部品は非常に精密さが要求され、少しでも部品に不具合があると、自動車事故が起きたときにうまく開かない事態や、誤動作によって人の命にかかわる事故を招いてしまいます。そして、これらの業務には熟練の技が要求されるものの、熟練工の高齢化により、継続が難しくなっています。そこで期待されているのが**AIによる画像認識**で、**これによって精密な検品を実現する取り組みが進められています**。

また、工場内の生産ラインを一度止めてしまうと、生産計画に大きく響きます。そこで、機械の故障をあらかじめ知るために、AIでその傾向を予測するという取り組みも行われています。

一方で、工場内の生産ラインは、サプライチェーンの中では一部でしかありません。もし、サプライチェーン全体をデジタル化することができたら、**一部の部品を生産している工場からの納品が遅れていることを即座に察知できる**ようになり、生産計画に穴を開けないような対策を早めに取ることができるようになります。さらには、開発期間が短縮でき、余剰在庫を削減できるケースもあります。

ファクトリーオートメーションの活用

ファクトリーオートメーションの変容

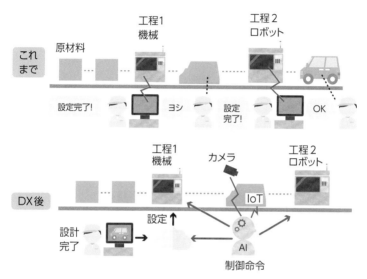

▲すでに生産ラインの多くが自動化されている。DXでは、IoTとAIを導入して電脳化することで、検品なども含め、完全無人操業をも可能にする。

サプライチェーン全体を見直すという視点も重要

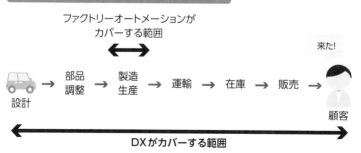

▲DXを進めることで、工場の中だけを電脳化するのではなく、顧客の求める価値を再定義したうえで、サプライチェーン全体を見直すことが大切である。

012

DXとディープテックとの関係

テクノロジーに基づいたディープテックはDXの前提

いま、世の中を変えるような新しいテクノロジーが次々と生まれています。一度飛ばしたロケットを再利用する技術や、X線を使わずに物体の内部を測定する技術、あるいは自らの身体の組織を再生する技術、プラスチックを石油に戻す技術、ドローン技術やクルマの自動運転技術などです。**これらの技術の多くは、これまで不可能だったことを可能にすることで、世の中の常識をひっくり返し、既存の産業をディスラプトする力を持っています。**こうしたテクノロジーに基づいた製品やサービスを開発するスタートアップ企業を分類する言葉が「ディープテック」です。

DXで企業をトランスフォームするにあたっては、デジタル化だけにこだわるのではなく、当然こうしたディープテックの製品・サービスの活用も同時に考えるべきです。

たとえば、ロケットの打ち上げ技術の進歩によって打ち上げ費用が下がると、人工衛星を低価格で利用できるようになります。これまでは農産物の生育状況を宇宙から測定するなどということは、思いもよらなかったかもしれませんが、これからは**IoTやドローン並みの低コストで測定できる手段として選択肢に上がってきます。**

また、人によって異なるDNA配列や腸内細菌の動きが詳細にわかるようになったり、スマートウォッチによって汗の成分で血液成分の測定が可能になったりすると、**個人個人の身体に合わせた正確な診断をAIができるようになります。**

ディープテックの活用

要素・技術	適用サービス・価値
３Dプリンタ	マイクロファクトリー（町工場の復活）など
宇宙開発	人工衛星の打ち上げ費用を大幅に削減
有機薄膜太陽電池	ビニールハウス、窓ガラス、建物の壁など、あらゆるものの太陽電池への変換
ブロックチェーン	分散台帳による不正書き換え防止
量子コンピュータ	超高速演算
幹細胞	再生医療、培養肉（気候変動の元凶の１つである畜産をディスラプト）
CRISPR	遺伝子治療、植物由来肉の生産（畜産をディスラプト）
ハイパースペクトルカメラ＋AI画像解析	CT品質の画像によるAI診断、衛星からの植物の生育監視

▲ディープテックは、科学的な新発見や工学的発明に基づいて新製品を開発するスタートアップ企業のカテゴリーを指す。

ディープテックをDXに取り入れると社会は大きく変わる

3Dプリンタ

・マスカスタマイズ
・在庫なし、受注生産
・物流のデジタル化

宇宙技術・衛星

・衛星で一括測定

画像解析・AI診断

・疾病の早期発見
・AIによる自動診断

ブロックチェーン

・無人の登記所
・無人の取引所

▲ディープテックは、モバイルアプリケーションやクラウド、Eコマースなどの浅いテクノロジーに基づいたスタートアップ企業に比べると、社会を大きく変えて、既存の産業を破壊するパワーも大きく発揮できる。

2

DXの基礎知識

DXで実現するスマートシティ

人々の生活をサポートする街のDX

　スマートシティは、街の機能をデジタル化する構想です。街全体のエネルギーや水を効率よく循環させ、クルマやヒトの移動などをスムーズにすることで、人々の生活がよりよくなるようにサポートする社会インフラです。現在は、これらが独立して存在しているため、不便なことがたくさんあります。たとえば、クルマや歩行者がいないにもかかわらず赤信号で進めなかったり、壊れてもいない道路を定期的に掘り返して点検を行ったりしていることなどが挙げられます。

　スマートシティは、こうした社会システム全体のDXを指します。企業が営む事業と社会インフラという違いはありますが、IoTや衛星で測定を行い、データをクラウドに集め、そのデータを用いてAIが判断をして、交通やエネルギー、水の流れを制御するという考え方は同じです。

　一方で、街の構成要素である家やビルのデジタル化は、それぞれスマートハウス、スマートビルディングといいます。これらは、住民の生活や利用者の活動の基盤となる水・電気・ガス・空気・通信などの測定と制御を可能にします。このうちエネルギーについては、HEMS（Home Energy Management System）と呼ばれますが、これがビル単位となると「BEMS」、コミュニティ単位となると「CEMS」と呼ばれます。これらは企業ではなく、**家やビル、地域をデジタル化することで、よりよい生活を実現する基盤に変わるという意味でDXの一種です。**

社会インフラで推進されるDX

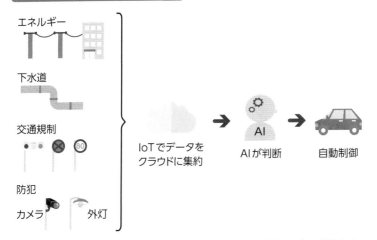

エネルギー

下水道

交通規制

防犯

カメラ　　外灯

IoTでデータを
クラウドに集約

AIが判断

自動制御

▲それぞれ独立している社会インフラに付けたIoTとAIで統合的に制御し、街の機能すべて
を有機的につなげ、管理することが理想である。

それぞれの機能は、レイヤー構造に仮想化されて統合管理される

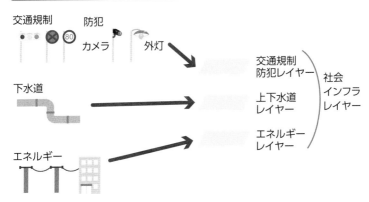

交通規制　　防犯

カメラ　　外灯

下水道

エネルギー

交通規制
防犯レイヤー

上下水道
レイヤー

エネルギー
レイヤー

社会
インフラ
レイヤー

▲スマートシティは膨大な投資が必要なため、それぞれの機能をレイヤー構造となるように整
理して考える。

2
D
X
の
基
礎
知
識

014

理想はデジタルオンリー企業

商品・サービスの完全デジタル化で生まれる新しいビジネスモデル

これまで多くのモノがデジタル化されてきました。写真や辞書、手紙、地図やコンパスなどです。精密機械であったカメラでさえも、スマートフォンの中のアプリとしてデジタル化されています。これらは昔、机の上や部屋の中にあったものですが、今はスマートフォンの中にあります。スマートフォンの中に入り、何が変わったのかを考えることで、デジタル化のメリットが浮かび上がってきます。

たとえば、アプリとしてデジタル化されたことで、写真やデータを瞬時に複製できるようになったり、手紙が電子メールやメッセンジャーアプリになったことで、タイムラグを気にせず、24時間いつでも世界中の人とコミュニケーションを取ったりできるようになりました。また、たいていの機能は無料、あるいはそれに近い価格で利用できます。さらに、大量の情報を閲覧することが可能になり、その中からほしい情報だけに絞り込むのも一瞬で行えます。

すでに一部のサービスもデジタル化（アプリ化）の波に飲み込まれようとしています。コールセンターはチャットボットへ変わり、翻訳はGoogle翻訳へと変わりつつあります。

デジタル化を行うことによって、**企業が提供してきた価値は、より多くの人へ安価に提供できるようになり、新しいビジネスモデルの可能性が見えてくる**のです。最終的には企業活動全体をデジタル化することで、多くのメリットが得られると期待されています。

デジタル化のメリットをいかに得るか？

1. プロセス自動化・無人化

パタパタ…

2. コピーし放題

3. 距離を超える

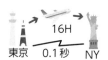

16H
東京　0.1秒　NY

4. 時間を超える

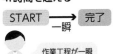

START → 完了
一瞬
作業工程が一瞬

5. 質量がなくなる

地図 →

6. 誰もが所持可能

7. コストを抑えられる

価格

8. 大量データを高速処理

一度に処理

9. すべての経験を集約して学習

▲ 商品・サービスあるいは企業活動そのものをデジタル化することで、あらゆるメリットを得ることができ、ビジネスモデルのバリエーションが広がる。

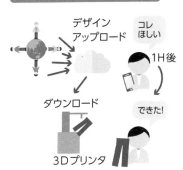

デザイン
アップロード

コレほしい

1H後

ダウンロード

できた！

3Dプリンタ

既存のアパレル企業との違い
・無人生産・無人販売
・24時間365日、ほしいときにすぐ入手
・マスカスタマイゼーション
　（カスタム商品の大量生産）
・製造〜販売までの製品在庫なし
・製造〜販売までのリードタイムなし
・誰もがデザイナーとなり収入を得られる
・小売店舗不要
・中間物流不要（材料のみ）

▲ デザイン→生産→物流→販売までの工程がすべてデジタル化されると、既存のSPAモデル（企画から小売りまで一貫して行うモデル）に比べいくつものメリットが生まれる。

015

DXを進めるうえでの2つの側面

既存事業の改変と新規事業の開発という2つの側面

　企業がDXを進める際に、「既存事業を変身させるアプローチ」と「新たな価値を生み出す事業を作り出すアプローチ」の2つのアプローチ方法があります。既存事業を変身させるアプローチのほうがかんたんそうではありますが、単なる改善で終わってしまい、ビジネスモデルの改変にまで至らない可能性が高くなります。一方で、新規事業の創出は、成功確率が5％と非常に険しい道です。どちらの場合も、**将来の社会がどのように変わっていくのか、顧客が必要とする価値はどのように変わっていくのか**、ということを押さえておかなくてはいけません。そうでなければ、電車に乗ろうと足を踏み出したときには、電車はすでに出発していたという笑えない話になってしまいます。

　既存事業を変身させる場合は、**現在顧客に提供している価値が、将来も継続するのかどうかを厳しく評価する**必要があります。少しでも価値が減ることが予想されるのであれば、今の事業を延命させるためにスリム化したり、デジタル化をさらに進めたりする必要があります。デジタル化をうまく成功させることができれば、ビジネスモデルを改変することも可能です。

　新規事業を作り出す場合は、**自社の資産を見直すこと**が大切です。資産は、知的所有権やブランドイメージはもちろん、取引先との関係や社長や社員のつながりも含みます。新しい価値を生み出すアプローチとして、Appleやテスラもそのようにして別の事業に進出し、社名も含めて会社のトランスフォームに成功しています。

既存の改変か、新しい価値の創造か

既存事業の延長で考えるアプローチ

未来も必要とされているか? 　　　完全デジタル化を目指す

スリム化して身軽になる

▲既存事業の商品・サービスが5年後、10年後にも必要とされているのかを検証し、スリム化や完全デジタル化を目指す。

新しい価値を生み出すアプローチの例

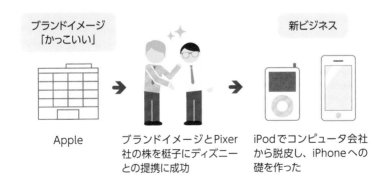

ブランドイメージ「かっこいい」　　　　新ビジネス

Apple　　　　ブランドイメージとPixer社の株を梃子にディズニーとの提携に成功　　　iPodでコンピュータ会社から脱皮し、iPhoneへの礎を作った

▲Appleやテスラは既存事業から完全にトランスフォームを成し遂げ、ブランドイメージを拡張し、資産や人脈を生かして新事業を展開している。

Column

社会の変化を予測した
サービス提供が成功へのカギ

　Chapter 2では、DXの本質を理解してもらえるように、ほかの類似したキーワードや誤解しやすいキーワードと比較しながら説明してきました。ここでDXによって目指すべき姿をまとめておきたいと思います。

　DXの成功事例を聞かれることがよくありますが、私はデジタルネイティブ企業を紹介するようにしています。なぜなら、デジタルネイティブ企業が既存の産業を脅かすようになっており、既存企業が生き残るためには変わらないといけない、というところからDXが必要とされているからです。したがって、デジタルでビジネスモデルを変えていくのがDXなわけですが、ただ変えればよいわけではありません。24ページで解説したとおり、デジタルネイティブ企業が行っているように、固定資産や固定費を極力減らし、限界コストを低くできるビジネスモデルに転換したうえで、グローバルに展開する必要があります。

　そのようなビジネスモデルにするための1つの答えは、なるべく他人の資産を利用して固定資産を変動費に変え、企業活動そのものをデジタル化することで、固定費と限界コストを減らすことです。

　しかし、今売れているものの提供方法を上記のように変えればよいかというと、そうとは限りません。現在はさまざまな分野のテクノロジーが急速に進化していますが、これまで不可能だったことが次々と可能になることで、世の中が変わり、人々のニーズも変わっていきます。こうした変化を先読みし、新しいニーズを満たすようなサービスを提供していかなくては、どれほど限界コストを下げたとしても、いずれ誰にも必要とされなくなってしまいます。

Chapter 3

ビジネスモデルの変革

DXによる
ビジネスモデル変革って何?

ビジネスモデルを見直し、違う事業に生まれ変わる

　ビジネスモデルは、顧客に提供する価値そのものと、価値を提供する方法、価値を提供する過程のお金の流れを指します。そして、これらの1つを変えていくことが「ビジネスモデル変革」です。

　航空機のエンジンを航空機メーカーに販売しているGEは、真の顧客は航空会社であるとともに、そのフライトを利用する乗客であると再認識しました。つまり、「フライトが予定どおりに飛んで目的地に移動できること」を乗客に提供する必要があるということです。**製造販売業としてのビジネスモデルを確立していたGEですが、サービス業へビジネスモデル変革を行い、エンジンにIoTセンサーを取り付けました。**これにより、飛行中のエンジン異常が検知され、目的地での代替機使用や部品の交換をすばやく行えるようになりました。

　お金の流れを変える例としては、SPC（特定目的会社）モデルがあります。SPCモデルとは、ビルオーナーが自己資本を頭金として、銀行から多くの資金を借り入れてビルを購入するのではなく、SPCを組成し、投資家からビル購入のための資金を集めてビルを購入するものです。このモデルは、不動産だけでなく、航空機や発電所、ロボットタクシー事業など規模の大きな資産で行うさまざまな産業において活用できます。

　世の中には、このようなビジネスモデルがたくさん存在していますが、Chapter 3では、最近注目されているビジネスモデルを紹介していきます。

3
ビジネスモデルの変革

顧客や提供価値、あるいはお金の流れを変える

顧客と提供価値を変えた例

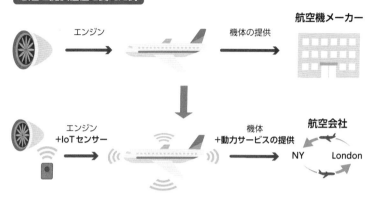

▲航空機のエンジンを航空機メーカーに提供していたGEは、顧客価値を見直し、IoTを活用して動力サービスを航空会社に提供することを開始した。

お金の流れを変えた例

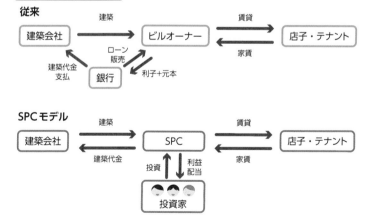

▲SPCを設立し、そこに投資家の投資資金を呼び込むことで、銀行ローンをなくすことができる。

017

新しい支払い方法を提供する
サブスクリプション

新聞や雑誌の購読から発展してきた定期課金モデル

　サブスクリプションとは、新聞や雑誌の定期購読、塾の月謝、スポーツクラブの会費のように、毎月一定額を課金する支払い方法です。最近では、SpotifyやNetflixをはじめとした音楽・映画コンテンツ業界の企業がこの支払い方法を採用して大成功しています。これらの企業を参考に、支払い方法を売り切りからサブスクリプションへ変更する企業が増えてきました。

　顧客がサブスクリプションサービスを利用するメリットは、売り切りに比べて金銭的な負担が軽減することです。また、サブスクリプションサービスを採用する企業にとってのメリットも多くあります。**顧客を長期間つなぎとめることができること、販売モデル以上の収益が期待できること、併売やアップグレードなどにつなげやすくなることなど**です。

　しかし、単に支払い方法のみを変えるだけでは提供価値は変わらないままですし、顧客がすぐに離反してしまうサービスは、支払い方法を売り切りからサブスクリプションサービスに変更すべきではありません。ある自動車メーカーは、サブスクリプションサービスを開始したものの、リースサービスと何ら変わることがなかったため、顧客がサービスを利用するメリットが見えませんでした。顧客へメリットを提示するには、「いつ・どこで・どんな車両に乗車しても定額」であり、「仮に乗車時間がほとんどなくともお得な定額」でなければなりません。

売り切りモデルから定期課金モデルへ

音楽業界のサブスクリプションモデル

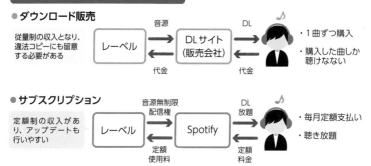

● ダウンロード販売

従量制の収入となり、違法コピーにも留意する必要がある

レーベル ⇄ DLサイト（販売会社） ⇄

音源／代金／DL／代金

・1曲ずつ購入
・購入した曲しか聴けない

● サブスクリプション

定額制の収入があり、アップデートも行いやすい

レーベル ⇄ Spotify ⇄

音源無制限配信権／定額使用料／DL放題／定額料金

・毎月定額支払い
・聴き放題

▲音楽業界は、小売店販売モデルから2000年代にダウンロード販売モデルに移り、現在はサブスクリプションモデルが主流となっている。レーベルは売り上げにかかわらず、一定額の収入が得られる。

ロボットタクシー時代の新しいビジネスモデル

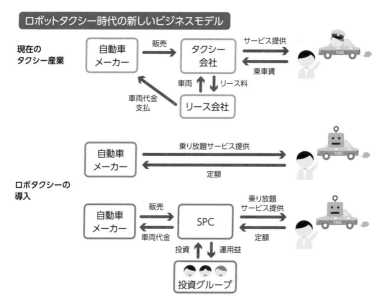

現在のタクシー産業

自動車メーカー →販売→ タクシー会社 →サービス提供／乗車賃→

車両↑↓リース料

車両代金支払 ← リース会社

ロボタクシーの導入

自動車メーカー →乗り放題サービス提供／定額→

自動車メーカー →販売／車両代金→ SPC →乗り放題サービス提供／定額→

投資↑↓運用益

投資グループ

▲自動運転車が主流になると、自動車メーカーやSPC（42ページ参照）によるサブスクリプションサービスが開始されるものと見込まれる。

018

マッチングビジネスを実現する
C2Cモデル

消費者どうしを結び付けるマッチングモデル

C2Cモデルとは、消費者どうしのマッチングビジネスです。企業と消費者を結び付ける市場モデル（B2Cモデル）に似ていますが、**原価がほとんどかからない**という特徴があります。

提供側は原価がほとんどかからないことから、消費者はB2Cモデルで商品やサービスを購入するよりも安価に商品を手に入れたり、サービスを受けたりすることができます。さらに、このしくみを提供する企業は、UberやAirbnbのように既存のB2Cモデルをディスラプトする力も持っています。

C2Cモデルのビジネスを仕掛ける企業（マッチメーカー）のメリットは、**手数料収入や広告収入を得られること、マッチングのしくみをシステム化する以外の固定費を必要としないこと**です。メルカリ（不用品売買）、Uber（隙間時間の売買）、Airbnb（空きスペースの売買）、Tinder（空き時間の交換）など、さまざまな業界でビジネスが成立することも魅力の1つです。

ただし、サービスとしての価値が十分に高まるほど多くのユーザーが利用しなければビジネスは成立しません。また、参入障壁の低さから米国のUberとLyft、インドネシアのGrabとGo-Jekのように、競合企業との価格競争に陥りやすいという課題があります。

さらには、ブロックチェーンのようなシステムや、消費者どうしのマッチングサービスを提供する管理者を必要とせずとも公正な取引を可能にする公共的なインフラが完成すると、C2Cモデルの市場が消失する可能性もあります。

C2Cモデルでライフスタイルが変わる

メルカリとUberによるC2Cモデルの例

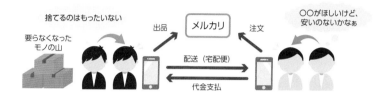

▲C2Cモデルは、余ったリソースを提供したいユーザーと足りないリソースを補いたいユーザーをマッチングさせるビジネスである。

ブロックチェーンの適用領域として最適

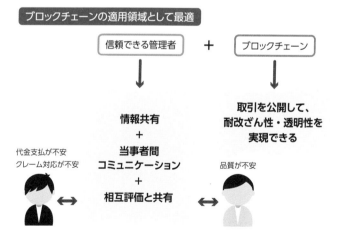

▲C2Cモデルには消費者どうしの不安を解消するしくみが組み込まれている。通常は不正できないようにシステム化されているが、取引を公開し、不正をすると社会的制裁が加えられるしくみ（ブロックチェーン）にするデジタル化も考えられる。

019

ビジネスの場そのものを提供する
プラットフォームビジネス

「場」を提供することで顧客や利益を得る最強のビジネスモデル

　プラットフォームビジネスとは、他社が商売を行うことができる「場（プラットフォーム）」を創り出し、そのうえで商売を行う「テナント」から場所代を徴収するビジネスモデルです。GAFAをはじめとするプラットフォームビジネスは、現時点では最強のビジネスモデルといえるでしょう。

　プラットフォームビジネスのしくみはC2Cモデルのしくみと似ていますが、C2Cモデルはあくまでも消費者と消費者に焦点が当てられ、どちらも提供者になり得ます。一方、プラットフォームビジネスは企業と消費者に焦点が当てられるB2Cモデルを想定しています。また、Airbnbのようにテナントが個人から事業者に変わるビジネスも、プラットフォームビジネスの1つの例です。

　プラットフォームビジネスは、**商品・サービスを提供するためのしくみをシステム化する以外の固定費を必要としないことや、デジタルネイティブ企業と同様に投下資金の回収が比較的早いことから、DXで目指すべきビジネスモデルといえます。**

　プラットフォームビジネスの成功の鍵を握るのは、提供される商品・サービスの魅力です。魅力ある商材を提供する数多くのテナントがプラットフォームでビジネスを行い続けることが成功へとつながります。魅力ある商材とは、顧客を惹き付け続けるための機能やブランド、集客力、料金メニューなどが揃っている商材です。

　このビジネスモデルのシステム自体はそれほど難しくないものの、魅力的なテナントの集約と顧客の獲得が課題です。

DXで目指すべきモデルとしてのプラットフォームビジネス

プラットフォームビジネスの例

▲プラットフォーム事業者は、「場」を提供し、定額の利用料や広告費、売り上げの一部をレベニューシェアとして課金することを収益源とする。

プラットフォームビジネスの優劣

商品数の豊富さ

商品そのものの魅力

▲プラットフォームの優劣は、商材の豊富さや魅力で決定される。

020

新しいビジネスの生態系としての
エコシステム

それぞれの企業の存在が共生するビジネスの生態系

　エコシステムとは、もともと自然界における生態系のことを指します。が、最近はビジネスモデルの1つとして注目されています。**それぞれの企業が独立して事業を営んでいる一方で、他社の存在が自社の強みに寄与し、同時に自社の存在が他社の強みに寄与している**というような関係性が成り立つビジネスシステムです。

　シリコンバレーでは、スタートアップ企業を支えるインキュベーターやエンジェル投資家、ベンチャーキャピタル、そして彼らの働く場をリーズナブルな価格で提供するコワーキングスペースやシェアオフィスなどの存在がエコシステムを構築しています。

　このようなエコシステムが存在しない場合には、スタートアップに資金が集まらないために起業が少なくなったり、エンジェル投資家やベンチャーキャピタルも投資先を見つけることが困難になったりします。さらに、コワーキングスペースは安定した利用者を集めることができません。

　たとえば、鉄道の駅周辺に街が形成されていくこともエコシステムの1つです。鉄道が敷かれ、施設や住民が増えることで、消費者とそれぞれの企業が街を形成していきます。また、航空会社のマイレージや、TSUTAYAや楽天などが運営しているポイントネットワークも、それぞれがお互いの集客力を高めているという点で、エコシステムが形成されているといえるでしょう。

自然界と同様にコアとなる存在があることが多い

鉄道駅を取り巻く街のエコシステム

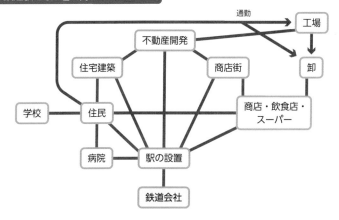

▲鉄道会社が鉄道を敷くことで開発が進み、生活が生まれ、樹形図のように街が形成されていく。

ポイントアライアンスによるエコシステム

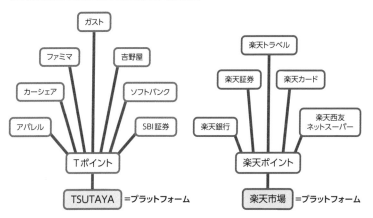

▲TSUTAYAはポイントをさまざまな企業で利用可能にすることで相互の顧客を増やしつつ、企業の集客力やデータ分析力を得ている。一方で、楽天は自社グループでエコシステムを形成している。

021
DXで業界の境界を取り除くことで起きる変化

境界のない市場が創造され、高付加価値を低コストで提供できる

ITを活用することにより、これまで存在していた業界の境界を取り除くことが容易になりました。たとえば、賃貸住宅と宿泊施設は別物として考えられてきましたが、どちらも寝食を行うことができる場所として同じ機能を持っています。両社の違いとなる境界は、契約期間のみです。この境界を取り除くサービスの例として、HafHが提供する定額住み放題サービスがあります。このサービスは、管理の自動化を安価で実現させ、アドレスホッパーと呼ばれるライフスタイルを好む顧客のニーズを満たしています。

また、タクシーは免許制によって品質が保証されるなど、法律によって規制されてきました。しかし、ITを駆使することで乗客からの評価を品質保証につなげ、免許の存在意義を消失させたのがUberです。今後、自動運転車が普及し始めると、タクシーやUber、レンタカーの境界が取り除かれて統合されるでしょう。

さらに、ITの発展により**メーカーが顧客に直接リサーチを行い、商品・サービスを提供することが低コストで可能になった結果、D2C（ダイレクト・トゥ・コンシューマ）という流れが生まれました。**この流れは、これまでメーカーと顧客の間に入ってビジネスを行っていた事業者のビジネスモデルを消し去ってしまう可能性があります。

このように、業界の境界を取り除くことで競合が行われない新しい市場が創造され、利潤の最大化へとつながります。

これまで分断されていた境界をITが取り除く

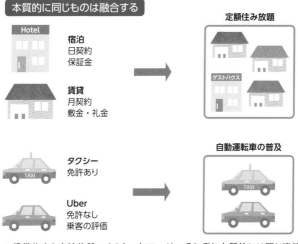

宿泊
日契約
保証金

賃貸
月契約
敷金・礼金

定額住み放題

タクシー
免許あり

Uber
免許なし
乗客の評価

自動運転車の普及

▲賃貸住宅と宿泊施設、タクシーとUberは、それぞれ本質的には同じ機能を持っている。定額住み放題サービスや自動運転車の普及により、境界は取り除かれる。

D2C（ダイレクト・トゥ・コンシューマ）

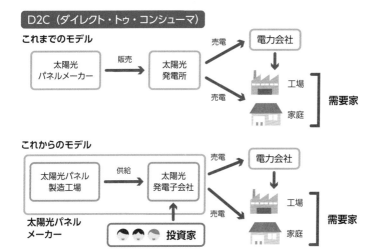

これまでのモデル

太陽光パネルメーカー → 販売 → 太陽光発電所 → 売電 → 電力会社 → 工場／家庭（需要家）

これからのモデル

太陽光パネル製造工場 → 供給 → 太陽光発電子会社 → 売電 → 電力会社 → 工場／家庭（需要家）

太陽光パネルメーカー

投資家

▲メーカーが装置や設備をサービス提供会社に販売し、サービス提供会社が顧客にサービスを提供してきたが、メーカーが自ら顧客にサービスを提供するD2Cという流れが生まれた。

022

テクノロジーの発展で起こる
既存の産業の変革

商材の代替手段が生まれ、産業を消滅させる

　テクノロジーの発展により、既存の商品・サービスの代替手段が
提供され、さまざまな産業の存在意義を脅かしています。たとえば、
GAFAの一角であるAmazonはShopifyに存在を脅かされ始めてい
ます。Shopifyは、ショッピングカートを中心としたECショップの
簡易構築サービスの提供に加え、モールとしての機能も備えていま
す。これにより、**Amazonに代わるサービスとなり得るだけでなく、
Amazonが加盟店に対して課しているマイナス点を解消すること
も**できます。

　さらに、医療テクノロジーは急速に進化を続けています。たとえ
ば、わざわざ検診施設に行かなくとも、日常生活でさまざまな検査
項目を測定できる環境が整い始めていること、血管を傷付けずに血
糖値を測定する装置や心電図、血圧を測定する時計が普及し始めて
いることなどがあります。これまでCTやMRIでしか測定できなか
った映像が手軽に測定できる技術の実用化も期待されています。こう
した医療テクノロジーの発展により、疾病の早期発見が容易になる
だけでなく、個人の詳細な健康データから精度の高い診断が得られ
るようになります。世界中の何億人・何十億人の患者の膨大な検診
データと、それに対する処置や結果データを学習するAIによる診
断が主流となる日も遠くないでしょう。

　このようにテクノロジーは、既存の産業へ大きな影響を与えるだ
けでなく、人々の健康や生活の一部にまで浸透していくのです。

従来の産業モデルからの変革が進む

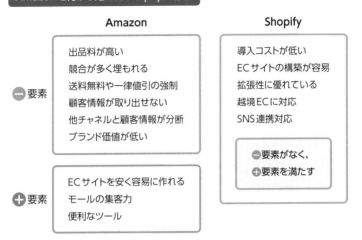

Amazon

⊖要素
- 出品料が高い
- 競合が多く埋もれる
- 送料無料や一律値引の強制
- 顧客情報が取り出せない
- 他チャネルと顧客情報が分断
- ブランド価値が低い

⊕要素
- ECサイトを安く容易に作れる
- モールの集客力
- 便利なツール

Shopify

- 導入コストが低い
- ECサイトの構築が容易
- 拡張性に優れている
- 越境ECに対応
- SNS連携対応

⊖要素がなく、
⊕要素を満たす

▲テクノロジーの発展により、より柔軟なサービスを提供する企業が現れはじめ、容易にEC
ショップを開設できる手段を提供した産業のマイナス部分が目立ってきている。

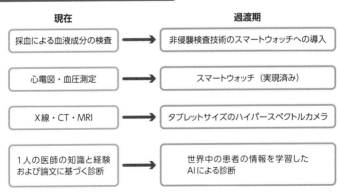

現在	過渡期
採血による血液成分の検査	非侵襲検査技術のスマートウォッチへの導入
心電図・血圧測定	スマートウォッチ（実現済み）
X線・CT・MRI	タブレットサイズのハイパースペクトルカメラ
1人の医師の知識と経験および論文に基づく診断	世界中の患者の情報を学習したAIによる診断

▲心電図と血圧の測定は、すでにスマートウォッチなどで24時間365日いつでも測定できる。
毎日の測定やAI診断による精度の高い健康管理が主流となる可能性が高い。

3
ビジネスモデルの変革

Column

自社の置かれた状況で考えてみる

　Chapter 3ではビジネスモデルをいくつか紹介してきましたが、必ずしもここで紹介したものだけがよいというわけでも、よいという理由で選んだわけでもありません。最近話題になっているビジネスモデルを中心に取り上げましたが、たとえばSPCモデルを紹介したり、業界の垣根を取り除いて考えることを推奨したりしたのは、固定概念にとらわれず、自由な発想で考えてもらえるようにしてほしいからです。ビジネスモデルはたくさんありますが、その中から置かれた状況に当てはまるものや、現状の制約を打破できるものを選んだり、あるいは複数のビジネスモデルを組み合わせたりして考えてみてください。

　ただ、意識してほしいポイントがあります。それは、デジタルネイティブ企業の競争優位性をもたらしていて、これからの時代に有利な条件である軽い固定資産・固定費と、低い限界コストを実現することです。そして、限界コストを低くできるのであれば、さらにグローバルにストレッチできる商品・サービスの形を考えてほしいのです。これは、顧客に受け入れられるものを受け入れられるように提供することと同じように大切です。ローカルで戦うと、よほどニッチでない限り、遠くない未来に資金力でグローバル企業に敗れてしまいます。

　また、テクノロジーの発展が、競争のルールを大きく変えるということを忘れてはいけません。これから起こり得ることを予想し、そのときに備えてビジネスモデルの変更を検討していくことが大切です。

Chapter 4

DXによる
新規事業の開発

023

新規事業の成功は
宝くじのようなもの

新規事業の成功の秘訣は、厳選した事業を多く立ち上げること

　シリコンバレーでは、「新規事業開発を行った企業10社のうち、成功する企業は1社である」といわれています。また、これまでに新規事業開発の成功経験がある企業は、新規事業開発の成功経験がない企業に比べて、資金繰りに困ったり1年以内に事業が終了したりする可能性が低いとされています。理由としては、既存事業のリソースが利用可能だったり、優秀な人材がそろっていたりすることが挙げられます。こうした場合日本では、事業が終了しないとはいえ、鳴かず飛ばずの状態である新規事業であれば、数年以内に既存部門に吸収され、配置転換されてしまうでしょう。

　新規事業開発を一度も経験したことがない企業であっても、VC（ベンチャーキャピタル）が投資するような有望なスタートアップの例もあります。しかし、成功する企業は4社のうち1社で、さらに5年以内に1億ドル（100億円）以上の売上規模に成長できる企業は、20社のうち1社です。

　このように**新規事業開発が成功する確率は非常に低いものの、新規事業が生まれなければ、20年以内に多くの企業が消えてしまうリスクも指摘されています**。そのため、成功する確率が低くとも、新規事業を生み出さなくてはなりません。10社に1社しか成功しないのであれば、最低でも10社起業するのです。理想としては100社起業したいところです。そして、その中から1社でもユニコーンが出現したならば、大成功といえるでしょう。

成功する確率は低いが、やらなければ成功しない

新規事業が成功する確率は10%

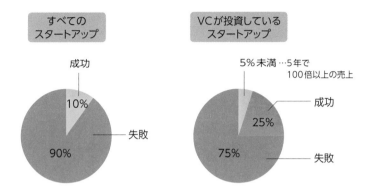

すべての
スタートアップ

成功
10%

失敗
90%

VCが投資している
スタートアップ

5%未満 …5年で
100倍以上の売上

成功
25%

失敗
75%

▲新規事業の成功率は10%以内である。VCによる投資があっても成功率は25%以内、さらに5年以内に100億円以上の売上規模に成長できるのは5%にも満たない。

ポートフォリオを組んで管理する

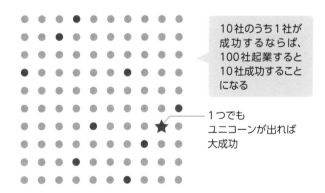

10社のうち1社が
成功するならば、
100社起業すると
10社成功すること
になる

1つでも
ユニコーンが出れば
大成功

▲成功率が低い新規事業への投資を成功させ、未来の稼ぎ頭を作り出すためには、低い確率ながらも成功する事業を確実に生み出し、ほかの赤字を補填しつつ、次の稼ぎ頭にしていくしかない。そのうち1社でもユニコーンが生まれれば、新規事業は大成功といえる。

024

スタートアップに出資して
新規事業開発を進める

既存企業はスタートアップの爆発力を利用する

　新規事業開発の成功経験がある企業は、新規事業開発の成功経験がない企業に比べて、資金繰りに困ったり早期終了したりする可能性が低いと58ページで述べました。しかし、そのような既存企業でもスタートアップと比べると、新規事業開発の成功確率は高くありません。

　既存企業にいる人材で新規事業開発に適している人は稀有です。彼らは、決められたルールの中でうまく立ち回れる一方で、新たにルール作りを行い、そのルールを業界に浸透させるという経験はありません。したがって、**ゲームチェンジャーとなるような新規事業は既存企業からは生まれづらい**のです。一方、シリコンバレーのスタートアップ企業には、こういった経験が何度もある人材が集まってきます。また、既存企業では新規事業開発に失敗しても、収入が途絶えて生活が脅かされる心配はありませんが、スタートアップのメンバーは人生を賭けて新規事業開発に挑みます。さらに、スタートアップではサラリーマンの生涯年収の数倍の大金を5〜10年間で手にするチャンスがあるため、役員クラスは労働基準法など関係なく24時間365日働く実態があります。

　そこで、**既存企業が新規事業を立ち上げる場合には、スタートアップと既存企業両方のよいとこ取りを考えてみる**のがよいでしょう。CVC（コーポレートベンチャー）を設立し、有望なスタートアップにほかのVC（ベンチャーキャピタル）とともに出資するのです。

スタートアップを活用した新規事業開発

今の時代はスタートアップのほうが有利

スタートアップ

長所	短所
高い モチベーション	収入が 保証されない
スピード感がある	高い プレッシャー
柔軟な発想	

VCが
支援することで
解決!

社内ベンチャー

長所	短所
高めの収入と 安定した生活	足かせになる 社内の人間関係
労働法に守られた 労働時間	凝り固まった発想
豊富な 社内リソース	不十分な成功報酬

▲スタートアップは、障壁を越える力や新しい発想を生み出す力が圧倒的に高いため、新規事業開発の成功確率が高い。

スタートアップに出資して自社を生まれ変わらせる

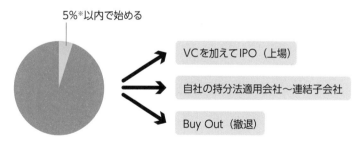

5%※以内で始める

VCを加えてIPO（上場）

自社の持分法適用会社〜連結子会社

Buy Out（撤退）

※スタートアップ企業への出資の際の出資比率。
　出資先となるスタートアップ企業の資本金の5%

▲スタートアップに出資し、スタートアップが成長する過程で上場もしくは出資比率を増やして自社の持分法適用会社にするかを判断する。業務提携を結び、自社の権益を守る手段もある。

025

新技術を核として事業構築を行う

世の中を変える新技術に着目するとチャンスが見える

　将来の生き残りをかけて新規事業開発を行う以上、新しい世の中に必要とされるビジネスを生み出さなければなりません。そうした新しいビジネスを生み出す原動力となる新技術の活用を基に検討していくことが、新規事業開発を成功へと導く近道になることでしょう。

　32ページではディープテックを一部紹介しましたが、現在では右ページで示したようにさまざまな新技術が登場しています。医療の新技術によって、人間ドックなどの定期検査をせずとも、日々の生活の中で常に検査が可能になると、医療サービスを根本的に変えることになります。また、自然エネルギーや廃プラスチックの再利用によるエネルギー供給が低コストで実現されると、エネルギーの輸送とお金の流れが大きく変化します。**こういった変化に合った適切なタイミングで新たなサービスを提供できれば、その事業はうまく軌道に乗ることができます。**

　さらに、こういった新技術の開発を行っていない企業が新技術の恩恵を受け、新しいビジネスを構築していくことも可能です。たとえば、2006年以降に生まれたデジタルネイティブ企業の多くは、スマートフォンやクラウドの開発を行っていたのではなく、人々が抱える課題と新技術を組み合わせて新しいサービスを提供しました。

　これから次々に進化していく複数の新技術を組み合わせることで、多様なサービスの提供が可能になるでしょう。

新技術によって新しいニーズが生まれる

世の中を変える新技術が続々と生まれている

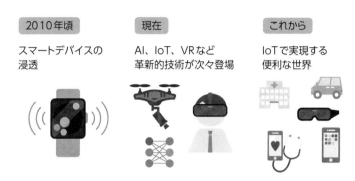

2010年頃	現在	これから
スマートデバイスの浸透	AI、IoT、VRなど革新的技術が次々登場	IoTで実現する便利な世界

▲これからの10年間はインパクトのある技術が次々と実用化される。新しい常識で新しい世界が生まれ、新しい課題を解決するビジネスが大流行する。

新技術が世の中を変えていく例

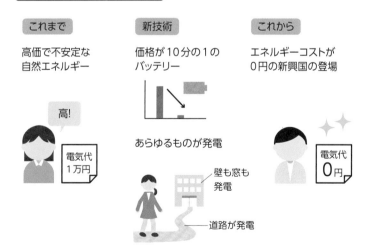

これまで	新技術	これから
高価で不安定な自然エネルギー	価格が10分の1のバッテリー	エネルギーコストが0円の新興国の登場

高!

電気代1万円

あらゆるものが発電

壁も窓も発電

道路が発電

電気代0円

▲新技術がもたらす生活の変化は世の中を変え、新しい常識や産業を生み出す。

026

クラウドファンディングを
商品開発に活かす

クラウドファンディングは資金集めの手段とは限らない

　クラウドファンディングは、群衆（クラウド）と資金調達（ファンディング）を組み合わせた造語で、インターネットを介して不特定多数の人から資金を集める手段のことです。

　一般的には、例として「Campfire」や「Makuake」などのクラウドファンディングサービスに資金募集の投稿をします。また、資金を投じてくれた人にリターン（返礼品）として商品・サービスを提供するシステムがあります。このリターンを利用して開発中の商品・サービスを提供すると、予約販売としての機能を持たせることができます。

　クラウドファンディングの当初の利用目的は、何かを始めたいから応援してほしいという抽象的なものが中心でした。しかし、最近は海外の最新商品を輸入する前のテストマーケティングとしての利用も増えています。**テストマーケティングを行うことで、事前に売り上げや顧客の反応を確認することができるようになり、不良在庫が積み上がるといったリスクを防ぐことにもつながります。**

　テストマーケティングの段階で興味を持ってくれるイノベーター層は容易にファンとなり、インフルエンサーとして応援してくれる傾向もあります。そうした顧客の声と対話しながら商品開発を進める手段としても、クラウドファンディングは魅力的なサービスといえるでしょう。

クラウドファンディングで開発中に売る

これまでの商品開発

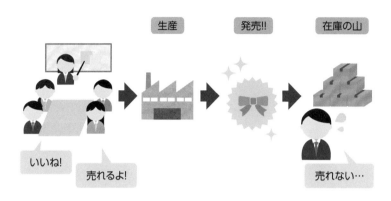

生産　発売!!　在庫の山

いいね!　売れるよ!　売れない…

▲これまでの商品開発は試作品を用いたアンケートは行うものの、完成品を販売するまで売り上げがわからない。

クラウドファンディングを活用した商品開発

新商品　クラウドファンディング

出品

本格的に輸入しよう!

これは売れる!

さらに開発しよう!

ほしい

▲クラウドファンディングで企画段階の商品コンセプトを出品することで、売り上げや顧客の反応によって開発を進めることができる。

027

顧客を核として
新しいニーズを探る

顧客の定義を変えることで新規事業を生み出す

　既存事業から新規事業開発を行う場合は、現在の顧客を起点として事業内容を検討することができます。これは、顧客をゼロから集めなければいけない新規事業開発に比べて、はるかに有利な点です。ただし、現在の顧客全員を対象に事業内容を検討するわけではありません。**顧客全体の中から一定の傾向を持つ顧客をターゲットに設定したり、顧客の先にいる顧客（最終顧客・消費者）をターゲットに設定したりするなど、顧客の定義を変えて新規事業を生み出します。**

　たとえば、電気とガスの小売事業が自由化され、電力会社とガス会社の双方が電気とガスを販売できるようになると、単純な価格競争に陥ります。顧客獲得競争で有利な電力会社にガス会社が対抗するには、ガスの利用が多い飲食店と飲食店に来店する消費者を顧客としたビジネスモデルを考えてみてはいかがでしょうか。

　たとえば、ガス会社は来店誘導アプリを無償で飲食店に提供し、飲食店は来店客にアプリを配布します。来店客はアプリをダウンロードすることで、ガス会社と提携している飲食店で利用できるクーポンなどのお得なサービスを受けることができるシステムです。このようなビジネスモデルによって、飲食店は広告費を支払うことなく、集客が可能になります。また、ガス会社にとっては、飲食店の調理によってガス使用量が増えることに加え、アプリを利用している来店客との電気契約につなげることができるというメリットがあります。

これまでとは異なる顧客の定義が求められる

最終顧客の新しいニーズを提案する

これまでの社会

あなた → **現在の顧客** ⋯✕⋯> **最終顧客** / 課題 課題 課題

最終顧客にリーチできず課題が置き去りに

これからの社会

あなた

ターゲット

最終顧客

ニーズに応えて新しい利益を生み出す

▲新商品や新サービスを開発するにあたり、最終顧客の課題と解決方法をニーズとして捉えることが大切である。

顧客を味方につけて競争優位を築く

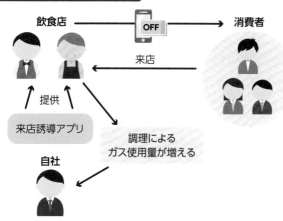

飲食店 ── OFF → **消費者**

来店

提供

来店誘導アプリ

調理による
ガス使用量が増える

自社

▲顧客の先にいる消費者を巻き込んだサービスを展開することで、競争優位を築く。

028

企業ならではの資産を活かす

自社にしかないモノから資産を探す

　企業変革をはじめ、新しく何かを変えようとするときには、企業の強みと弱みを分析します。とくに、財務的な資産や顧客資産（顧客のリスト）、ブランドイメージなどはすぐに思い浮かびますが、それら以外にもさまざまな有形無形の資産があります。そして、**それらを梃子とすることで、より少ない費用と時間で新規事業を立ち上げることが可能になります。**このように梃子となり得る資産は思いがけないところに眠っているかもしれません。

　たとえば、ソニーの独壇場であった携帯音楽プレイヤー市場において、AppleはiPodの流行と音楽配信事業を実現させました。ソニーが実現できなかった音楽配信事業の展開を可能にした理由は、スティーブ・ジョブズが保有していたピクサーの株をディズニーと等価交換し、個人筆頭株主になったことで、ダウンロード販売を拒んできたディズニーを説得することができたからです。このように顧客だけでなく、社長や社員の家族と友人、取引先の家族と友人などの些細な関係性が事業を大きく動かすケースもあります。

　また、**企業のアイデンティティを変えるだけで、新たな資産を生み出すこともできます。**たとえば、自動車メーカーであったテスラが太陽光発電の分野でさまざまな新規事業を展開しているのは、「自動車メーカー」ではなく、「クリーンエネルギーを普及させる会社」として自社のアイデンティティを変えたからです。

資産を梃子にして新しい事業を立ち上げる

つながりのあるものはすべて資産として考えてみる

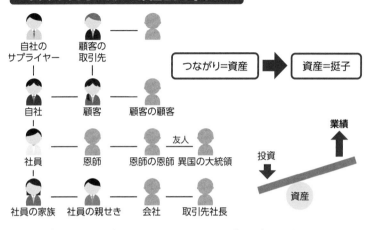

▲会社の「一般的な資産」と考えられているものに限らず、わずかな人間関係やつながりさえ資産として検討すると、新規事業の開発のヒントを得られる。

自社のアイデンティティを広げることで、新たな資産が見えてくる

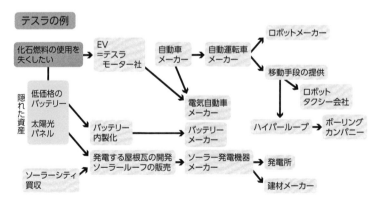

▲テスラは電気自動車メーカーと位置付けられていたが、あるときから自らを太陽光発電事業体と位置付けた。

029

グローバルニッチを狙って
事業を展開する

グローバルな顧客のニーズに向き合い事業を発展させる

　新規事業開発において、国内でしか発展できない事業もしくは日本でしか需要のない事業を検討していないでしょうか。単に「日本語の壁」や「日本人の性質」に頼っている事業であるとすれば、その事業は長くは続かない可能性が高いといえます。

　2030年には、インターネット人口が現在の40億人から80億人になるといわれています。**海外のデジタルネイティブは、この新しく生まれる40億人を含めた80億人の市場をターゲットにしてサービスを開発しています。**それに対して、人口が1億人で購買嗜好の強い若者が減少している日本国内市場のみをターゲットにしている日本企業は競争に勝てるのでしょうか。

　「日本人」というニッチ市場を狙っているケースもあるかもしれませんが、そのニッチを創り出しているものが「日本語の壁」だけだとすると、自動翻訳技術によってその壁が崩れるのは時間の問題です。ニッチ市場を狙うのであれば、グローバルの中での趣味嗜好ジャンルを追求すべきです。グローバル市場のヘビーメタルという限られたジャンルを選んだ「BABYMETAL」という女性ロックバンドが1つの例です。

　これまでの日本は、「品質はよいが高い」という理由で中国に市場を奪われてきました。これはいい換えれば、海外の消費者のニーズに向き合っていなかったということではないでしょうか。

大企業はグローバル事業でなければ生き残れない

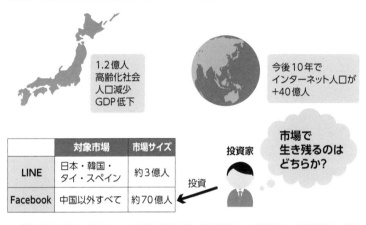

資本金の大きさで、いずれ日本市場も奪われる

1.2億人
高齢化社会
人口減少
GDP低下

今後10年で
インターネット人口が
+40億人

	対象市場	市場サイズ
LINE	日本・韓国・タイ・スペイン	約3億人
Facebook	中国以外すべて	約70億人

投資家

市場で
生き残るのは
どちらか?

投資

▲ 「日本語の壁」に守られているだけの事業は、音声認識・文字起こし・自動翻訳・音声化それぞれの精度が上がることで、グローバル市場では厳しい状況が生まれる。

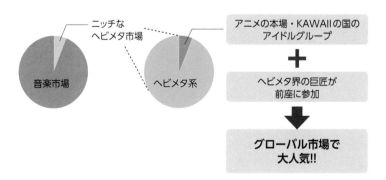

ニッチ市場でもグローバルを狙う

BABYMETALの例

ニッチな
ヘビメタ市場

音楽市場

ヘビメタ系

アニメの本場・KAWAIIの国の
アイドルグループ

＋

ヘビメタ界の巨匠が
前座に参加

グローバル市場で
大人気!!

▲女性ロックバンド「BABYMETAL」は、ニッチ市場でのオンリーワンのポジションを狙ったために大成功を収めている。

4

DXによる新規事業の開発

変革よりもゼロから
作り上げることが理想

新しいテクノロジーが次々と常識を塗り替えていくこれからの時代、企業が生き残っていくためには、新しい常識の下で新しく生まれるニーズに応えていくことが求められます。これを実行するには、既存事業を変革していくよりも、ゼロから作ることをおすすめします。その理由は、ゼロからのほうがシンプルなビジネスモデルと業務プロセスになるからです。既存事業を変革していくとなれば、過去の負の遺産が重く圧しかかることでしょう。

新しく事業をスタートするのであれば、社内リソースだけで行うよりも、スタートアップ企業と手を組んだほうが成功しやすいと思います。その理由はいくつもありますが、もっとも大きな理由は、60ページでも説明した「創業者と社員の情熱」と「コンプライアンスの壁」です。

つまり、既存企業は社内起業ではなく、ベンチャー・スタートアップ企業への「出資＋提携」で、生き残りを模索するのがよいと思います。この2つについてスタートアップ企業のメリットを失わないためには、出資比率を20％以上にしないことです。創業メンバーたちのモチベーションが衰えるだけでなく、ほかの投資家が入りづらくなり、持分法適用会社になることでコンプライアンスを求められてしまうからです。

多めに出資するかわりに、多くのスタートアップ企業に分散して出資するほうがよいでしょう（59ページ下図）。出資率を低く抑えながらも影響力を持つためには、リードインベスターになり、既存事業との提携によって、双方の事業を伸ばしていくことが大切です。

Chapter 5

DXによる
既存事業の変革

030

デジタルで
ビジネスモデルを変革する

既存事業の一部を活用して、新たな可能性を追求する

既存事業のDXでは、既存事業の強みを生かしながら新しい世の中に求められる商品やサービスを検討します。あるタイミングを境にいっせいに既存事業の業務を止めることはせず、セカンドラインのような形で同時進行するのがよいでしょう。

新しい世の中に適合した商品やサービスでビジネスモデルを構築するには、**自社の資産を活用し、顧客が求める価値に適合するような商品やサービスを見つける**ことです。たとえば、既存製品が売れなくなった理由は、人々が豊かになり、モノへのニーズが満たされているからです。人々のニーズがモノから体験価値に移っている以上、体験価値を提供するビジネスモデルを構築しなければ市場で生き残ることはできません。場合によっては、既存の取引先や既存の顧客、既存の生産設備のいずれか（またはほとんど）を活用しないという結論も十分に考えられます。

また、**競争上の優位性と無関係な業務プロセス（料金収納業務など）が、ほかの業界からは喉から手が出るほどほしい業務プロセスである可能性もあります**。その場合には、セキュリティを担保したうえで業務プロセスを他社に開放し、利用料を得るビジネスモデルやエコシステムを構築することも考えられます。

いずれにしても、ビジネスモデルを変えるということは、業務システムに何らかの改修が必要なのです。

新たな世の中に求められる価値を提供する

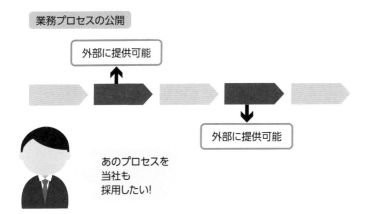

提供価値を見直し、提供方法を変える

新規事業

引っ越し
したい

これまで

ライフスタイル
提案

定額住み放題
サービス

伝統的な
仲介

立地・間取り
重視

暮らし・
生活様式重視

居住体験
重視

▲ モノからコトへとお金を支払う傾向は、ますます強くなっている。これまで提供してきた商品やサービスに対する顧客の価値がどのように変わっているのかを見直す必要がある。

外部企業にとって垂涎な既存プロセスを検討する

業務プロセスの公開

外部に提供可能

外部に提供可能

あのプロセスを
当社も
採用したい！

▲ 携帯電話会社が他社事業の料金を収納代行するように、自社の業務プロセスの一部を他社に公開し、連携することで、新たなビジネスモデルが生まれる。

031

日本企業が抱える課題である
2025年の崖

変革不足による日本企業の深刻な実態

2018年秋に経済産業省から発表された「DXレポート」では、新しい世の中に合わせて事業を変える必要性を知りつつも、それにともなうシステム投資をあと回しにして事態を悪化させている日本企業の経営者たちに対して、警鐘を鳴らしています。企業が事業を変えられないメカニズムを整理して説明することで、危機に真っ向から取り組むように促しているのです。そして、**国際競争への遅れや日本経済の停滞などの「日本企業の実態」を指す言葉が「2025年の崖」**です。

システムを刷新するにあたり見えてくる課題をあと回しにして、その場しのぎの対応を行うという負のスパイラルがシステム刷新への難易度を上げています。もはや、とっておきの秘策がない限り、この負のスパイラルから脱却することは不可能な状況に見えます。さらに、多くの大企業が採用しているERP「SAP」（基幹業務パッケージ）のサポートが2027年に切れるという時限爆弾の存在があります。

各企業がいっせいにシステムを刷新することは、人的リソースの関係で不可能であるにもかかわらず、いまだDXに対して表面的な対応に終始している企業があまりにも多すぎます。このような企業が2030年以降にも存在し続けていられるとは思えません。このままでは、日本の産業全体が悲惨な末路を迎えることになりかねないでしょう。

負のスパイラルで積み重なった課題が限界に達する

積み重なった
仕様変更と
セキュリティパッチ

さらに積み上げるのは
不可能かもしれない

このシステムを
追加できますか？

初期システム

▲社会や顧客の変化にシステムを対応させるため、本来であれば常に追加や改修が必要になる。しかし、年月の経過とともに積み重なった継ぎ接ぎだらけのシステムが邪魔をする。

「2025年の崖」を超えることは容易ではない

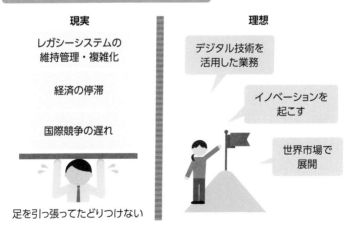

現実

レガシーシステムの
維持管理・複雑化

経済の停滞

国際競争の遅れ

足を引っ張ってたどりつけない

理想

デジタル技術を
活用した業務

イノベーションを
起こす

世界市場で
展開

▲レガシーシステムを刷新するには大幅な追加や改修が必要となるが、その難易度は時間とともに膨れ上がり、ますます困難となっている。

5

DXによる既存事業の変革

032

DX推進の妨げとなる
レガシーシステム

業務を効率化するために導入されたこれまでのシステム

　レガシーシステムとは、かつて手作業中心で行ってきた業務を効率化するために導入されたコンピュータシステムです。現在は、インターネットを介して動作していますが、当初は電算室以外からアクセスすることはできませんでした。このように、大量の業務をスピーディに処理・記録するシステムのうち、ひと世代以上前のものを「レガシーシステム」と呼びます。

　変化が日増しに加速していく現代に合わせたシステムの構築・改修・廃棄をくり返す必要がある中、レガシーシステムが足枷になっていることが問題視されています。さらに、過去20年間で日本企業が国際競争力を失った元凶であるという指摘もあります。

　欧米企業や中国、新興国企業におけるシステムの採用方法は、競争上の源泉となる機能でない限りは、パッケージソフトを導入し、そこに業務を合わせるという方法です。そのため、パッケージベンダーが現代に合わせてバージョンアップを行うと、自社のシステムも自動的に最新トレンドに合ったものに変わります。

　一方、現場の力を過信した日本企業のシステムの採用方法は、自己流の業務に合わせたパッケージソフトの開発に膨大な資金を投じ、大幅な改修を加える方法です。そのため、パッケージベンダーによるバージョンアップに対応できません。さらには、メンテナンスなどに膨大な資金を要している現状があります。

これまでの企業の情報システムは処理の効率化が中心

現存している単一業務処理システム

	第一世代	第二世代	第三世代	第四世代	第五世代
	ホスト	ホスト （メインフレーム）	ミニコン	クライアント サーバー	Web
コスト	貴重	非常に高価	高価	高価	安価
外部接続	なし	専用回線	専用回線	インターネット	インターネット
設置場所	社内の 電算室	社内の マシンルーム	社内の マシンルーム	サーバールーム・ データセンター	データセンター
処理 タイプ	バッチ処理	バッチ処理・ オンライン処理	バッチ処理・ オンライン処理	オンライン処理 非同期処理	オンライン 処理
用途	会計業務	生産管理・ 受発注管理	人事・ 在庫管理	ERP	ERP・EC
プログラム 言語	アセンブラ	COBOL	PL/I	C・C++・ java	JavaScript PHP・Ruby

▲ 「2025年の崖」は、第四世代以降のERPのサポート切れを起点にしているが、いまだに第一世代のアセンブラを使っている大企業も存在する。

ERP（エンタープライズ・リソース・プランニング）

～1990年前半

購買 生産 物流 販売 会計

ERPで一気通貫

それぞれが独立
システム間の連携がない

海外企業
競走上価値のない
業務プロセスは他
社と差別化の必要
なし

日本企業
競走上価値のない
業務プロセスを残
すべく自己流に大
改造

▲ERPは、機能間の連携を一気通貫できるように再構成したが、日本企業は独自のカスタマイズを加えた。

5

DXによる既存事業の変革

033

DXがシステムに求める要件

変化に柔軟でデータ活用ができるシステム

　DXとは、新しい世の中が求めるニーズや課題を解決するために最適なビジネスモデルを次々に創り上げていくことだとこれまでにも解説してきました。急速に変化し続けていく世の中で、ビジネスモデルをすばやく、かつ低コストで変えていくためには、システムを変える必要があります。

　DXに適しているのは、ビジネスモデルの変化に合わせて柔軟に変更できるシステムです。これまでのシステムは、想定外の処理が行われることがないように詳細なテストを行い、一部の機能に変更を加えるならば、すべての機能をテストし直すというシステムでした。しかし、これではDXに適しているシステムとはいえません。このように考えると、日本企業が採用しているシステムの多くは、基本的な構造や開発手法を大きく見直す必要があるといえます。

　さらに、ERPの導入で戦略的に失敗した轍を踏まないために、**競争優位の源泉にならないものは他社が開発したシステムを利用するという選択が必要です**。そして、それらの脱着がかんたんであることが望ましいです。

　一方、IoTやカメラなどの映像データを大量に読み込ませて育てるAIを開発し、企業の戦略的な優位性を生み出す必要性も叫ばれています。これは業務システムとはまったく異なる構造のため、導入検討から異なるスキルを持った人材が求められます。これらをどう配置するかを示すために、アーキテクチャ設計（右ページ参照）を行う必要があります。

変化に柔軟に対応し、処理特性に合った構成を組み合わせる

システムどうしの連携の脱着が容易

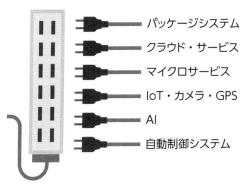

電源タップにさまざまなコンセントを脱着するイメージ

パッケージシステム

クラウド・サービス

マイクロサービス

IoT・カメラ・GPS

AI

自動制御システム

▲開発した追加システムが既存システムに容易に接続でき、機能の一部に改修を加えたとしても、ほかの機能に影響しないようなシステムが求められている。

適材適所を考慮したアーキテクチャ（基盤）が必須

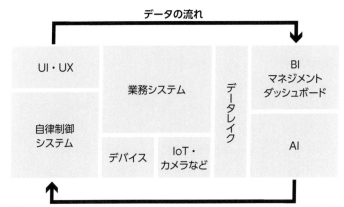

データの流れ

UI・UX	業務システム	データレイク	BI マネジメント ダッシュボード
自律制御 システム	デバイス	IoT・ カメラなど	AI

▲業務システムに加え、IoTやAIによるデータ活用も求められるようになった。これらをどう配置するかのアーキテクチャ設計は必須である。さらに、AIの先には自律制御システムが求められる。

034
既存事業を
デジタルオンリーにする

デジタル化で世界を拡げる

36ページで述べたデジタルオンリー企業は、デジタル化の多くのメリットを得ることができます。さらに、**デジタル化によって経営上の選択肢が大幅に増えます**。限界コストは限りなく無料に近付き、柔軟な価格設定とグローバル展開が容易になります。さまざまなサービスの応用や付加価値を利用することで、新たな商品やサービスを提供することも可能です。

物理的なモノをデジタル化することは難しいと思うかもしれませんが、すでにカメラや地図、辞書に至るまでさまざまなものがデジタル化（ソフトウェア化）されています。そして、スマートフォンという物理的なモノにデジタル情報として集約されています。また、物理的なモノだけでなく、サービスもソフトウェア化されています。翻訳業務はGoogle翻訳に置き換わり、コールセンターはAIチャットボットが代替し始めています。さらに、AIを搭載した3Dアバターの実用化が進めば、人間さえもデジタル化されるという未来が待っているかもしれません。

このようなデジタル化の中で、野菜や食肉などの食物の生産や、モノを製造したり運んだりするロボットはデジタル化できません。しかし、ロボットの動作状況を管理し、制御する部分をデジタル化することで、故障予知や自動運転の機能を補うことはできます。

既存事業の完全デジタル化はさまざまな可能性を生む

業務プロセスがすべてデジタル化されたイメージ

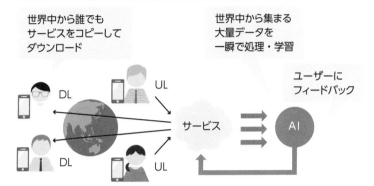

世界中から誰でも
サービスをコピーして
ダウンロード

世界中から集まる
大量データを
一瞬で処理・学習

ユーザーに
フィードバック

▲世界中のユーザーがスマートフォン1つでサービスを利用し、個々のユーザーに合わせたサービスの改善をAIが行うことなどが可能になる。

すべての顧客体験をプログラムが提供するように変える

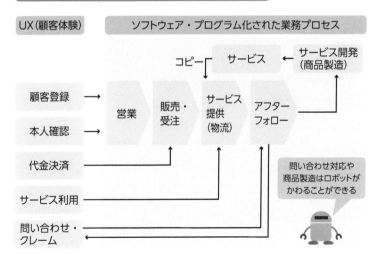

▲顧客体験を提供するすべての業務プロセスをソフトウェア化し、コンピュータ上のプログラムが提供できるようにする。

035

営業をデジタル化するMA

直接会わずともMAを利用して成約率を上げる

MA（マーケティング・オートメーション）とは、AIDMA（右ページ参照）と呼ばれる、顧客の認知から購入までのプロセスをシステム化したものです。このシステム自体は、DXという言葉が生まれるより前の2000年代中盤に、「マルケト」や「ハブスポット」というスタートアップ企業が開発したクラウドサービスです。ビジネスモデルを変えるというよりは、営業機能のデジタル化なので、本来はDXという言葉は使用しません。しかし、**もし企業の機能の1つである営業プロセスをデジタル化することを「営業DX」と呼ぶならば、このMAが中核になります。**

MAでは、購入見込客が最初にWebページにアクセスしたときから足跡のトレースが始まります。その後、資料請求などで個人情報が登録されると、それ以前の足跡と紐付けられ、最初の認知から興味を持つまでの経路などを分析できます。また、購入までのプロセスのカギは、資料請求などで利用する顧客のメールアドレスなどに向けてくり返し情報を提供し、自社の魅力を伝え、購買意欲を高めてもらうところにあります。そして、実際に顧客へ提案や売り込みをする前に、顧客が十分に購入する準備ができていることを確認するプロセスも特徴的です。これをインサイドセールスと呼びます。

このようなMAに埋め込まれた営業プロセスは、成功率が高いため、B2BやB2Cを問わず、あらゆる企業の営業プロセスで採用すべきといえます。

営業プロセスをすべて標準化し、デジタル化する

AIDMAをMAに落とし込む

A:知ってもらう

I:興味を持ってもらう
D:ほしいと思わせる
M:覚えてもらう

購入確度の
判定

A:購入して
もらう

| Webページへの
アクセスから
足跡をトレース | メールマガジンなどで
くり返し情報提供 | チャットボットやメールで
購入促進 |

▲営業DXとは、営業プロセスをすべて標準化してデジタル化することである。販売・提案を対人で行う場合には、インサイドセールスがカギになる。

見込客を顧客に育てる育成装置

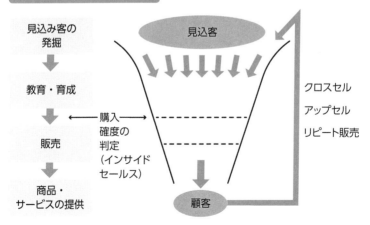

見込み客の
発掘

↓

教育・育成

↓

販売

↓

商品・
サービスの提供

見込客

←購入→
確度の
判定
(インサイド
セールス)

クロスセル

アップセル

リピート販売

顧客

▲MAは見込客を獲得し、漏斗（セールスファネル）でこして顧客を抽出するプロセスを自動化したものである。

036

発展するECにより進む販売DX

オンラインコミュニケーションを中心とした販売手法

世界中で外出制限が課せられるコロナ禍では、外出せずに商品を購入・販売できるビジネスが軒並み業績を上げました。対面販売する必要がなく、感染リスクが低いことから、世の中のニーズに応えたビジネスモデルです。

販売機能のデジタル化は、すでにEC（オンライン販売）として普及していますが、商品を倉庫から取り出し、梱包して発送するという一連のバックエンドプロセスにおけるデジタル化技術も日々進化しています。

これまでのネットショップ型ECは、顧客が訪れて閲覧し、購入されるのを一方的に待つという「待ち受け型」でした。しかし、中国では**SNSやネットショップの訪問者に対して、商品やブランドの魅力を訴える「ライブコマース」**が普及し始めています。さらには、オンライン会議システムなどを利用して、顧客と店員が会話を楽しみながら商品を購入できるといったイベントも行われています。このようなオンラインコミュニケーションがECに加わることで、全世界の顧客の生の反応を見ながら、販売できるようになりました。

ほかにも、バーチャル空間でのショッピング体験を実現できる空間ウェブや、Amazon Goのように店員がいない店舗を実現するためのデジタル化も進んでいます。

コロナ禍で求められる販売チャネルの変革

物理的な販売からオンライン販売（EC)+自動化へ

これまでの物理的な対面販売

オンラインチャネルでの販売

注文 → 出荷指示 → **自動倉庫**

Pick

配送 ← Pack

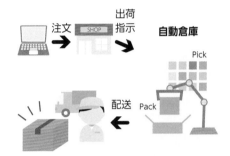

▲Amazonの躍進によってショッピングモールが衰退したように、物理的な店舗での販売からオンラインチャネルでの販売に移行している。

待ち受け型のECからオンラインコミュニケーション型のECへ

待ち受け型

オンラインコミュニケーション型

オンラインマルシェ

仮想空間での買い物

▲オンラインコミュニケーションを通してお店や商品の魅力を知ってもらい、購買を促すことができる。

037

マイクロファクトリーにより
実現する製造DX

MFを利用して製造業の収益モデルを激変させる

製造業では、ファクトリー・オートメーションによって生産ラインの自動化が進められてきましたが、今後はIoTとAI、ロボティック技術の進化によって、無人化が進んでいく可能性があります。

一方で、大量生産をしても売れなくなっているモノについては、工場の小型化が必要です。これがMF(マイクロファクトリー)です。ユニクロを運営する「ファーストリテイリング」とニット編み機のトップメーカーである「島精機」との合弁会社が狙う「継ぎ目のない3Dニットの生産」は、MFのわかりやすい事例といえるでしょう。

工場でモノを生産するのではなく、店舗にホールガーメント編み機を設置することで、来店客自身の体形に合わせたサイズ感や好みのデザインの製品を製造し、その場で受け取ることができるようになります。また、在庫は材料となる糸のみで、さまざまな商品に転用できます。店舗ではありがちな売れ残りによる在庫ロスもなくなり、収益モデルを劇的に変えることが可能になります。

さらには、一般デザイナーが提供したデザインが世界中の顧客から選ばれるというようなSNSを梃子としたビジネスモデルは、アパレル産業のこれまでの構造を大きく変えるでしょう。

また、MFは材料以外の物流が不要になるため、アパレル産業以外のさまざまな製造業にも適用可能なコンセプトです。

マイクロファクトリーが製造業を変革する

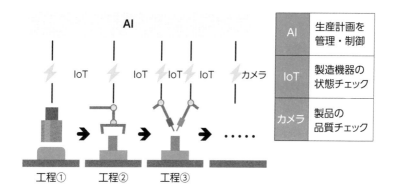

AI	生産計画を管理・制御
IoT	製造機器の状態チェック
カメラ	製品の品質チェック

▲IoTとAI、ロボティック技術の進化によって可能になる無人化は、24時間365日の操業を容易にする。さらに従業員の研修が不要となり、ラインを増やしやすくする。

マイクロファクトリーによる生産革命

これからの生産モデル

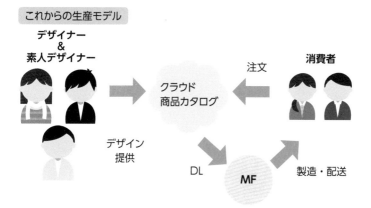

▲新興国でも経済発展が進んで生活が豊かになると、モノを作っても売れなくなる。大量生産・輸送モデルではなく、消費者の近くで生産するマイクロファクトリー化が進む。

038

デジタル化が難しい物流業務

商品といっしょに移動する伝票のデジタル化がカギ

プロセスにかかわる外部のプレーヤーが多い物流は、サプライチェーンの中でも予算がもっとも厳しい機能です。そのため、デジタル化ができる範囲は限られてきました。

これまでの倉庫内業務では、オペレーションを効率化するための自動倉庫システムよりも人手に頼る方法が効率的な部分もありました。しかし、最近はAmazonの倉庫内で利用されている「Kiva」という自動運転ロボットが倉庫内物流の効率化を大幅に改善しているようです。また、**棚から箱を取り出して商品を必要数ピックアップし、出荷用の箱に梱包する作業までをロボットだけで行うことも可能になりつつあります。**

一方、宅配業者で利用可能な「配送中の荷物のトラッキング」をすべての物流で実現するには大きなハードルがあります。在庫商品は複数個がまとめられて箱詰めされ、そこから必要個数をピックアップして小売店や消費者に届けられるため、個々の商品のトラッキングが困難です。商品一つ一つに電子タグを付けてメーカーが出荷したとしても、工場から出荷される荷物は幾重にも梱包されてしまい、タグからの電波通信を妨害してしまいます。また、さまざまな独立業者が運搬用のトラックを保有しているため、各地に共通の読み取り機を設置することは現実的ではないでしょう。

そうした課題を解決するカギは、おそらく伝票にあります。**伝票やタグの読み取り機を全国の物流業者で共通化することが望ましい**といえるでしょう。

物流業務はデジタル化が遅れている分野の1つ

物流業務では多くの作業がいまだに人手に依存している

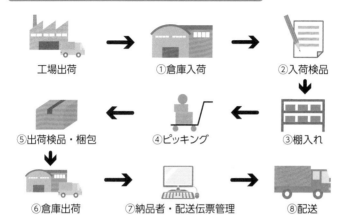

工場出荷 → ①倉庫入荷 → ②入荷検品

⑤出荷検品・梱包 ← ④ピッキング ← ③棚入れ

⑥倉庫出荷 → ⑦納品者・配送伝票管理 → ⑧配送

▲商品のトラッキングや倉庫への搬入、倉庫内での適切な管理と保管を可能にするために
は、荷物のデータ検出とAIの力が必須である。

伝票をデジタル化する業界共通のルールが望まれる

取引にともなう3つの移動

モノ → デジタル化 → トラッキング可能

所有権 → デジタル化

お金 → デジタル化

▲共通した伝票のデジタル化によって、商品のトラッキングだけでなく、所有権の移転指示
を瞬時にシステムに伝え、その後のお金の移動まで自動化できる。

039

会議などの業務も
デジタル化で効率アップ

クラウドサービスを利用してリモートワークの生産性を向上させる

　業務のデジタル化が困難な領域の1つに、企画や開発時に必要となる「コラボレーション業務」があります。複数のメンバーでホワイトボードを囲み、アイデアや意見を話し合うという業務は、ZoomやTeamsなどのビデオ会議ツールのみでは不十分だという指摘があります。

　一方、コロナ禍で急速に浸透し始めているのが、シリコンバレーのスタートアップが次々と生み出している「コラボレーション・クラウドサービス」です。**リモートでありながら従来のホワイトボードと差異がない使用感や、パワーポイントなどの資料上に直接絵や文字を書き込みながら議論を行えるなど、デジタル化のメリットを利用しつつ、生産性を劇的に上げる効果が評価されています。**

　また、迅速で円滑なコミュニケーションを図れる「Slack」などのチャットツールをはじめ、工程管理や進捗管理の共有をクラウド上で可能にする「Trello」などのタスク管理ツールの利用もデジタル化の例です。

　これらのクラウドサービスは、ビデオ会議ツールと同時に利用することで、会議や共同作業のパフォーマンスが劇的に向上します。また、デジタル化によって、成果の保存や社内共有も容易になり、透明性と効率もアップするでしょう。

コロナ対策で導入が進むコラボレーション・クラウドサービス

コラボレーションを支援するクラウドサービス

アイデア創出・整理

コミュニケーション

工程・新着管理

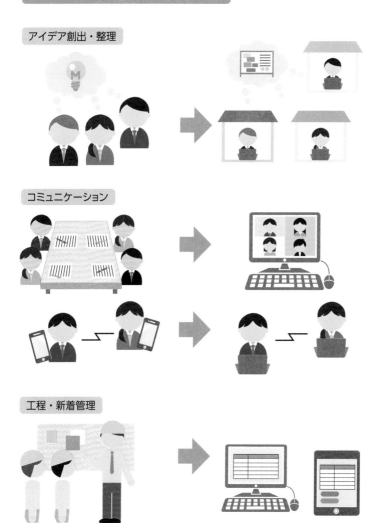

▲クラウドソフトウェアを利用することで、リモートワークでありながらも生産性を維持・向上させることができる。

040

顧客対応のデジタル化のメリット

チャットボットを利用して顧客体験の質と満足度を向上させる

　カスタマーサポートは、これまで人間が行うのが一般的でしたが、問い合わせ数が増えると対応しきれないため、今では自社内に専用のコールセンター部門を設置したり、コールセンターにアウトソースしたりするなどして専門職化するケースが多くなりました。応答内容も標準化・マニュアル化されているため、人間が行う必要はなくなりつつあります。

　また、オペレータがクレームを受けた場合は、呼数に比べてオペレータ数が限られているために、時間的な制約が課せられるというデメリットもあります。さらに、モンスターカスタマーの対応で心を病んでしまうオペレータも少なくありません。こうしたクレーム処理も、チャットボットで対応することで解決できます。

　これまでも音声自動応答装置によるカスタマーサポート業務のデジタル化はされていますが、音声ガイダンスを最後まで聞かないと次の指示に進めないという点で顧客側にストレスを与えてきました。一方、チャットボットを利用すると、まったく同じツリー型のメニュー誘導であっても、**スマートフォンでの選択によって瞬時に次の指示に進めるため、顧客体験の質や顧客満足度を損なわないというメリット**があります。

　最近では顧客の入力に応じて、AIが適切な返信を行う「AIチャットボット」も普及し始めていることから、アバターが画面越しに顧客とコミュニケーションを行う技術も数年以内に実用化が進みそうです。

急速に変わるコンタクトセンターの機能

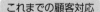
これまでの顧客対応

状況把握

ヒアリング

対処法検討

これからの顧客対応

状況把握・
対処法伝達

クレーム

謝罪・
問題解決対応

5
DXによる既存事業の変革

▲顧客の求めるニーズや訴えを正確に理解して対応するだけではなく、フィードバックとして自社のサービスに生かすことができる。

チャットボットは顧客満足向上に必須

音声自動応答装置

この時間も
請求額が…

会話を録音します。
20秒毎に10円の…

早く
解約手順を!

新規会員登録は1を…
会員情報の変更は2を…

時間と金を
返せ!

回線が込み合って
います。
時間が経ってから…

チャットボット

解約を
選択して

必要事項を
入力したら

♪
プルルル…

▲音声自動応答装置はスマートフォン操作に慣れない高齢者の顧客には役立つが、チャットボットを導入するメリットはそれ以上に大きい。

041

HRテックの活用が
カギを握る人事DX

HRテックを活用して企業の成長を支える

　人事業務のデジタル化の複雑さは、コロナ化で表面化しました。既存の人事制度をリモートワークに対応した人事制度に変えることができれば、デジタル化を進めると同時に、育児や介護などを理由とした離職を防いだり、世界中の優秀な人材を活用したりすることを可能にできます。

　リモートワークに対応した人事制度を策定することは、かんたんではありません。労務管理では、労働の定義が問われます。これまでのように「その場にいること」が「働いていること」であると判断できないため、定義の再設定が必要になります。適切に設定することができない場合には、労働基準法違反や囚人扱いのような監視体制の採用、あるいは怠惰による労働生産性の低下という相反する課題に直結してしまうでしょう。

　また、これまでのように情緒的な理由を根拠にした評価や成果の判定が難しくなります。適切に判定するためには、会社内のすべての業務・作業に対し、明確な目的と要求事項および要求品質があらかじめ定義されていなくてはなりません。しかし、これは非常に困難なことです。

　そこで、**このような新しい常識に合わせた制度をゼロから検討するかわりに、市場に出始めている「HRテック」を活用すること**から始めてもよいかもしれません。

コロナで求められる新しい働き方への対応

リモートワークで求められる働き方

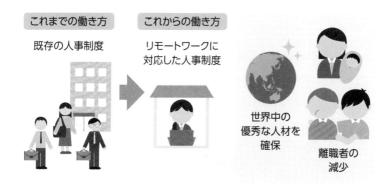

これまでの働き方 既存の人事制度

これからの働き方 リモートワークに対応した人事制度

世界中の優秀な人材を確保

離職者の減少

▲リモートワークに対応した非対面型の労働環境の実現によって、柔軟な働き方を提供できることにつながる。

リモートワーク対応で生まれる新しい課題

求人・求職チャネルの変化

成果や評価の具体化

健康管理

労務管理

コンプライアンス

既存のHRテックの活用から始める

▲人事採用、労務管理、評価制度などにおいて課題が生まれるが、すでにあるHRテックサービスの活用から始めるのがよい。

042

企業の財務力を強くする
アウトソーシング

デジタル化の代替として財務体質を骨太にする

　業務プロセスをすべてデジタル化しようと試みても、プロセスによっては技術的な成熟度が低いためにデジタル化が困難であったり、そもそもデジタル化には不向きだったりすることがあります。そのような業務は、デジタル化のかわりにアウトソーシングを検討してみましょう。アウトソーシングではデジタル化によるメリットを得ることは難しいものの、企業の財務にとって大きなメリットがあります。

　アウトソーシングには、業務を丸ごと他社に担ってもらう方法と、業務を遂行する人手を派遣やバイトなどで外部から調達する方法があります。これらの契約形態の違いは、責任の所在と品質確保の難易度に直結します。財務的には、**直接雇用による人件費（固定費）や業績によって変動する業務委託費（期間が短ければ変動費と位置付けることもできる）を、売り上げの発生にともなって労務が発生する売上原価にシフトすることが可能になります**。これは、企業の財務を非常に強化します。

　また、アルバイトのように必要に応じてシフトを決める流動的な人的リソースの管理は、これまで優秀な管理者によって行われてきました。しかし、これらのシフト調整やシフト連絡、出退勤管理をクラウド上のAIが行うようになると、財務的な優位性や品質を確保しながら、限界費用を増やさずに事業規模を大きくすることも容易になります。

アウトソーシングを検討してみる

デジタル化が困難なプロセスは、アウトソースすることで仮想化できる

業務プロセス

▲デジタル化が困難なプロセスをアウトソースすることで、企業の全プロセスを仮想モジュール化（プロセスの部品化）して管理できるようになる。しかし、アウトソースではデジタル化によるメリットを享受することは難しい。

アウトソースは、企業を財務的に強くする効果が期待できる

人的リソースのアウトソース　　　　社内オペレーションの自動化

AI

人件費　→　アウトソーシング委託費

報酬計算　シフト調整

固定費　　　売上原価（変動費）

▲出前館やUber Eatsのように人的リソースをアウトソースすることにより、人件費を売上原価にシフトすることが可能になる。さらに、人材リソースの管理業務をAIクラウドで実施することによって、社内オペレーションの自動化が実現する。

5

DXによる既存事業の変革

既存事業のDX化が
ゴールではない

　既存事業のDXは本流ではありません。スポーツ大会に例えるならば予選でしかなく、決勝トーナメントはあくまでも新規事業によるDXです。したがって、既存事業をDX化して「わが社のDXは順調だ」「わが社はDXで他社をリードしている」などと満足してしまうような企業は、10年後には存在していない可能性が高いといえます。既存事業のDX化は、データを活用してAIを導入しているとしても、いわば基礎体力ができただけで、競争優位性を築いたわけではないからです。DXのゴールは、あくまでも10年後・20年後に元気に生き残り続けていることです。

　それでは、既存事業のDX化は意味がないかというと、まったくないわけではありません。少なくとも、今の事業を延命させることはできるかもしれません。システムの構造をクラウド中心に変えることができれば、事業の柔軟性が増します。また、既存事業のすべてを完全にデジタル化して無人化できれば、デジタル化の9つのメリットが得られ、自在にビジネスモデルを変更できるようになるでしょう。

　事業をすべてデジタル化するといっても、業種や業務機能によって難易度は異なります。その場合は、全体最適を失わないようにしながらも、営業DX、販売DX、製造DXといったように業務機能ごとにデジタル化を検討していくことを、84 〜 97ページで提案しました。98ページのアウトソーシングは、2000年以降、すでに多くの企業が行ってきたことですが、固定資産や固定費を持たない財務諸表に変換できる効果があるため、デジタル化までの過渡期を埋める手段として、一時的に採用してもよいかもしれません。

Chapter 6

業種ごとの
DXによる変革

043

製造業におけるDX

重厚長大型からクイックウィン型へ

3Dプリンタによる製品開発は、これまでの製造業の常識をひっくり返しつつあります。LOCAL MOTORS社の自動車生産がその例です。同社によれば、1台の自動車を生産する体制を確立するまでに、**これまでの生産プロセスでは7年かかっていたものが、3Dプリンタで作る自動運転EVコミュニティバス「Olli」は、わずか半年という生産プロセスで完成させることができる**のです。

一方で、3Dプリンタは万能ではありません。基本的に大量生産には向かず、強度が求められる部材の製造は困難といわれてきました。しかし、消費者の価値観が多様化してきたことを背景に、大量生産してもモノが売れない時代へと変わりました。型落ちするまでの期間も短くなり、大量生産が求められる時代は終わりつつあります。現在は3Dプリンタで製造した部品が航空機やロケットのエンジンパーツに採用されるなど、強度の問題も解決しつつあります。

一部の3Dプリンタメーカーのビジネスモデルは、製造設備などを製造・販売してきたメーカーでの販売方法を劇的に変える可能性があります。これまでは売り切りモデルをベースに、メンテナンスサービスを付けるビジネスモデルがほとんどでした。顧客企業は財務負担を軽減させるために、リース／レンタル会社を利用してきましたが、**一部の3Dプリンタメーカーでは、直接顧客の財務負担を軽減させるサービスを提供し始めています**。売り切りという発想を捨てると別の世界が拓けるかもしれません。製造業は、短期的に成果を上げるクイックウィン型へと転換されつつあるのです。

大量生産から多品種少量生産、所有からシェアへ

3Dプリンタによる製造はリードタイムを大幅に短縮する

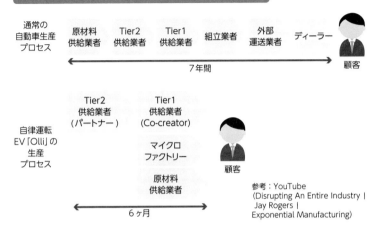

▲Olliは、LOCAL MOTORS社が3Dプリンタで開発・製造し、米国、オーストラリア、イタリア、サウジアラビアなど全12都市で運行されているコミュニティバス。通常の自動車が量産までに7年間かかるのに対し、わずか半年で完成させている。

所有からシェアへの流れの中で製造業はサービス業へ

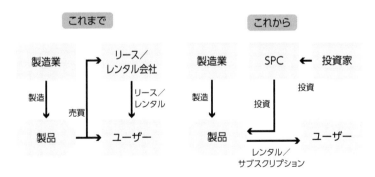

▲今後は顧客企業のオフバランスおよび売上原価化のニーズに対応しつつ、リース／レンタル会社の利益分を取れるように、自ら製造した製品を顧客企業にレンタルしたり、定額使い放題という形で提供したりするサービスへと切り替えていく。

044

医療産業におけるDX

医療にかかわる広い範囲の技術を革新する

　MedTech（医療のデジタル技術）は、医療全体を根本的に変える可能性があります。医療を健康サービスという枠組みに変えるものですが、医療という大枠で捉えていると、大きな痛手となりかねません。右ページの図のように、**医療にかかわるすべてのステークホルダーにとって多くの技術革新が起こり、あらゆる事象が変わっていく**可能性があるのです。

　たとえば、身体検査はウェアラブル端末や家庭内に設置されたセンサーで測定され、AIが世界中の膨大な症例から一次診断を行うようになるでしょう。また、医師は自身の経験や過去の論文から治療法を探すかわりに、AIが膨大な症例データを検索してまとめた情報から適切な治療法を選ぶことができるようになります。さらに、個々人によって異なるDNAや腸内細菌などのデータを基に投薬され、投薬後の血液成分の変化が1秒ごとに記録されていきます。データはクラウド上に蓄積されていくため、AIは学習をくり返してどんどん賢くなっていくことでしょう。こうした動きは製薬会社の創薬プロセスにも大きなメリットをもたらします。たとえば、これまでの治験は人間で行う必要がありましたが、幹細胞技術が発達している現在では、人間の細胞からでも行えるようになりました。

　こうした可能性は、規制や既得権益を守る力が強い国では実現に時間がかかるかもしれません。規制の少ない新興国で導入し、データを蓄積してAIに学習させる企業が現れた場合、あとから先進国の企業が参入しても、時間の遅れは取り戻すことは不可能といえます。

規制や既得権益者の力が強い日本では遅れを取る可能性も

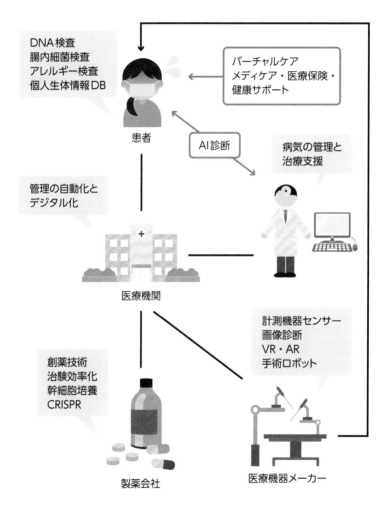

DNA検査
腸内細菌検査
アレルギー検査
個人生体情報DB

バーチャルケア
メディケア・医療保険・
健康サポート

患者

AI診断

病気の管理と
治療支援

管理の自動化と
デジタル化

医療機関

計測機器センサー
画像診断
VR・AR
手術ロボット

創薬技術
治験効率化
幹細胞培養
CRISPR

製薬会社

医療機器メーカー

▲MedTechは、患者から医療機関、医療従事者、製薬会社、医療機器メーカーに至るまで、医療と健康維持にかかわるすべての常識を変えつつある。これらの技術はスタートアップ企業が開発し、既存の事業者のビジネスモデルを破壊してしまう可能性もあるが、多くの人の命が救われるようになる。技術を開発するスタートアップ企業だけでなく、そうした技術をうまく活用する企業が新しい時代で生き残る。

045

食品産業におけるDX

食全般にかかわるテクノロジーの発展とビジネス

FoodTechは、Food（食）とTechnology（技術）を掛け合わせた言葉で、IT技術を「食」の分野に導入して、新サービスやビジネスを創出していく取り組みのことです。**川上の産業の食糧生産（一部はアグリテック）から川下の飲食店や家庭の食卓にまで、さまざまなサービスが提供され始めています**。川上の産業の例としては、畜産業が挙げられます。気候変動対策として幹細胞技術が使われており、市場には培養肉が出始めています。

外食産業では、これまで大手チェーン店などではテーブルごとに注文用のタブレットが用意されていましたが、今後はテーブルの四隅にQRコードを貼り、来店客が自身のスマートフォンで読み込んでメニューを選択・注文する方式へと変わっていくでしょう。こうした取り組みは店舗側の端末費用の負担がなくなるだけではありません。テーブルごとにスマートフォン上で会計できるようになれば、煩わしいレジ業務がなくなる利点もあります。また、顧客が店舗の近くを通ったときに、電子クーポンを送信するジオフェンシング（位置情報を使ったサービス）などの機能を組み込んでおけば、来店誘導も期待できます。

家庭の食卓では、シャープの「ホットクック」のようなスマート調理器が人気を集めています。インターネットからメニューをダウンロードし、必要な食材や調味料を入れるだけで調理できるというものです。今後はこうしたスマート調理器と、メニューに合わせたカット食材の販売が求められるようになるかもしれません。

食の世界を変えるFoodTechの活用例

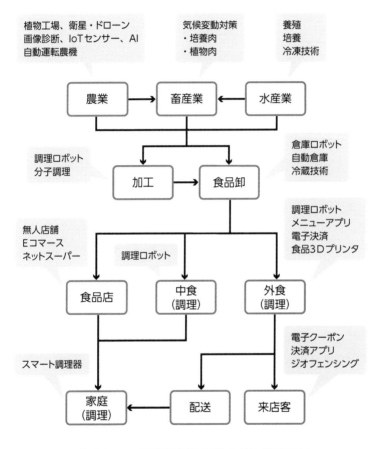

植物工場、衛星・ドローン
画像診断、IoTセンサー、AI
自動運転農機

気候変動対策
・培養肉
・植物肉

養殖
培養
冷凍技術

農業 → 畜産業 ← 水産業

倉庫ロボット
自動倉庫
冷蔵技術

調理ロボット
分子調理

加工 → 食品卸

調理ロボット
メニューアプリ
電子決済
食品3Dプリンタ

無人店舗
Eコマース
ネットスーパー

調理ロボット

食品店   中食   外食
        （調理） （調理）

電子クーポン
決済アプリ
ジオフェンシング

スマート調理器

家庭 ← 配送   来店客
（調理）

外部環境の変化
・衛星コストの削減、エネルギーコストの削減
・個人のDNA・腸内細菌に応じた栄養管理が可能

▲食糧生産から加工・流通、家庭での調理にまでさまざまなテクノロジーが発展している。消費者にとっての食をデジタル化することで、サプリだけでなく料理そのものが健康産業と密接に結び付いていく。

046

教育産業におけるDX

展開の規模も学力の判定もこれまでとは大きく変わる

新型コロナウイルスの影響で、ネットを介したオンライン教育が全国で行われるようになりました。以前からオンライン教育へ移行する流れは進んでいましたが、コロナ禍によってその動きが加速しています。コロナ禍が収束してもこの流れは止まらず、坂道を転がり落ちるボールのように進んでいくことでしょう。

教育がオンライン化されれば、リアルタイムに授業を受講する必要はありません。受けたい人が受ければよいため、入学定員を定めたり入学試験を設けたりする必要もなくなります。また、翻訳技術がもう少し進歩すれば言語の壁がなくなり、国を問わず、世界中の先生から教育を受けられるようになります。それは日本の学校や塾が世界の教育機関と競争状態になることを意味しますが、それと同時に、**日本の教育を米国から南米、ヨーロッパ、アフリカまで、全世界の人を対象に提供することが可能になる**のです。

学力や習熟度の判定も、これまでとは異なる対応が求められます。すでに多くの人が気付いていることですが、検索すれば何でも出てくる時代に、暗記力を評価するこれまでの教育は、現代を生きていくために必要な教育とはいえません。これまでの教育は、産業革命以降、同じモノを大量に生産する労働者や、統率の取れた軍隊にするための軍人を養成するために最適化された教育方法だからです。**今の世の中で必要とされているのは、個々の特性・資質・才能を伸ばす教育であり、世の中のさまざまな問題を、異なる資質を持った人たちと協調しながら解決するための能力なの**です。

教育産業に吹き荒れる変化

オンライン化の次は黒船の襲来

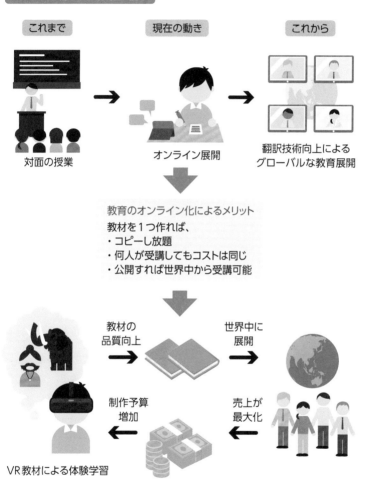

これまで　　　　　現在の動き　　　　　これから

対面の授業　　　　オンライン展開　　　　翻訳技術向上による
グローバルな教育展開

教育のオンライン化によるメリット

教材を1つ作れば、
・コピーし放題
・何人が受講してもコストは同じ
・公開すれば世界中から受講可能

教材の
品質向上

世界中に
展開

制作予算
増加

売上が
最大化

VR教材による体験学習

▲まもなく教育の国境がなくなり、世界中の教育機関・企業がサービス提供を競い合うようになる。提供する教材の数×受講者数が大きいほど売上規模が膨れ上がり、それを原資にした教材制作数で有利となる。フィードバックが多ければ教材の品質向上にも寄与するだろう。

047

不動産業におけるDX

デジタル化で勝ち組と負け組に分かれる可能性が高い産業

　不動産業は、不動産オーナーや居住者、テナントに対して何らかのサービスを提供する産業ですが、不動産オーナーが物件を手に入れる際、自己資金で全額を支払うことはほとんどありません。通常は銀行などでローンを組む形になります。近年はデジタル化の恩恵を受けて、ソーシャルレンディングで一般の投資家から借入資金を集めたり、物件の投資金額の一部を負担してもらったりするクラウドファンディングが可能になりました。

　不動産オーナーのビジネスモデルは、基本的には賃貸または売買益を得るかの2択です。賃貸では、テナントの募集やテナントからの家賃徴収、物件の管理といった諸業務を外部に委託するケースがほとんどです。**不動産業はもっともデジタル化が進んでいない分野**ですが、このままデジタル化されなければ、不動産の運営管理を代行するプロパティマネジメント業の収益性は悪いままでしょう。

　昨今、オーナー向けサービスとしてとくに期待が高まっているのが、アセットマネジメントです。**保有している物件の収益を最大化するためにさまざまな提案を行うサービスで、AI化によって今後ますます高度化していく分野**といえます。

　テナントは、個人が居住したり法人が事務所や倉庫として使ったりするほかに、借りた物件をまた貸し（サブリース）して利益を得ようとする企業もあります。ホテルやシェアハウスがその例です。今後はテナントが物件を探すための機能もデジタル化が進み、競争が激しくなっていくのではないでしょうか。

不動産業のデジタル化にかかわるソリューション

リスティング広告／検索サービス

新築物件広告サービス

投資／クラウドファンディング
(FinTech)

FTK法クラウドファンディング
信託型クラウドファンディング

不動産売買市場

不動産販売サイト

アセットマネジメント
(FinTech)

ローン計算、配当計算
保険、家賃、ローンキャパシティ

住宅ローンサービス
(FinTech)

ローン販売・審査受付サイト

プロパティマネジメント

物件管理者用クラウドサービス
家賃収集、苦情管理、契約管理
コミュニケーションツール

ビルマネジメント

修繕・工事管理、EV管理、
無人警備、スマートメーター
ロボット受付、清掃ロボット

保険サービス
(FinTech)

クラウド保険
ネット損保

賃貸サービス

バーチャル内覧
空き物件検索サービス
家賃保証サービス

シェアハウス運営

バーチャル内覧

民泊・
ホテル運営

スマートロック

売買仲介業

オンライン物件売買仲介サービス

エスクロー＆登記サービス

オンライン司法書士サービス

データ、評価、分析

物件情報データベース
物件周辺情報データベース
物件価格統計

代理店サービス

オンライン物件紹介サービス
バーチャル内覧
家具VRデータ保存

▲不動産業はITの導入がもっとも遅れている業界で、いまだに電話とFAX、面談、手作業が中心の業界だ。しかし、デジタル化するさまざまなソリューションが生まれており、今後はそれをうまく活用する企業が主流になっていくだろう。

048

金融業におけるDX

完全デジタル化しない金融業者は間違いなく滅びる

　金融業はほとんどすべての業務をデジタル化することができます。完全デジタル化した銀行を例に考えてみましょう。

　まず、顧客はスマートフォンで口座を開設できるようになります。これまでは銀行の窓口で手続きを行う必要がありましたが、デジタル銀行になればスマートフォンで管理できるようになり、身分証明書や自身の写真をアップロードするだけで本人確認も完了します。

　現金の引き出しや振り込み、残高照会など、銀行やATMで行う業務もスマートフォンで完結できます。今でもネットバンキングは存在していますが、完全デジタル化すれば、ATMから出金しなくてもPayPayのようにバーコードで決済できるようになるでしょう。

　ローンの審査もかんたんです。銀行口座の出入金の履歴からその時々の返済能力をAIが診断できるようになれば、ローン審査の担当者は必要なくなりますし、時間を要していた審査期間も即座に終わらせることができます。また、ローンの返済不能が発生する（焦げ付き）リスクを回避する保険を作ることも容易になります。

　さらに、余裕資金（生活には影響しないお金）を投資に回し、資産を増やすアセットマネジメントの機能を提供できれば、スマートフォン1つで、デジタル証券会社の口座へ資金を移動したり、残高を管理したりすることも可能になります。

　お金に関する情報や機能を集約できるだけでなく、連携しているデジタル銀行やデジタル証券、保険などの各サービスも、人の手を介すことなく、原価無料で迅速に提供されることでしょう。

FinTech企業は伝統的な金融業者を危機に追いやるか？

金融業でのデジタル化のメリット

デジタル化のメリット	金融業務での具現化の可能性（例）
プロセスの自動化・無人化	すべての業務は無人化・自動化される（デジタル企業しか生き残れない）
距離を超える	地球の裏側であっても即座に送金できる（送金速度は一瞬）
時間を超える	お金は即座に集約され、注ぎ込まれ、計算される
質量がなくなる	スマートフォンとクラウドですべて完結できる
誰もが持てる	誰もが口座を開設でき、金額によらずスマートフォンで金融商品の取引が可能になる
無料に近付く	クラウドでグローバル展開すれば、手数料は極限までゼロに近付けられる
大量のデータを高速処理	通貨の単位は小数点以下でも扱え、高速で処理される
すべての経験を集約して学習	取引の傾向はすべて分析され、不審な取引は淘汰される

6
業種ごとのDXによる変革

金融業全体におけるデジタル化の波

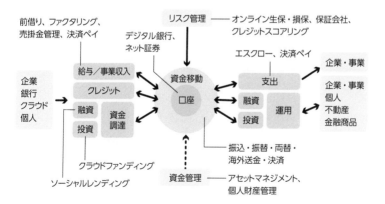

▲金融業はお金の移動・変換・操作を生業とするため、デジタル化できない要素がない。そのため、上図のようにほとんどの金融業務でデジタル技術を使った新しいサービスが生まれている。その結果、伝統的な金融業はそれまでの旨味を次々と奪われている。

049

土木・建築業におけるDX

かつて3Kと呼ばれた業界はグローバルでデジタル化が進む

　建設業界にはまだデジタル化のイメージが浸透していないようですが、鉱山業界では一足先にデジタル化の実用に向けたさまざまな取り組みがあります。たとえば、**人工衛星で鉱脈を探査して地形を測量し、そのデータに基づいて掘削計画を進める試み**です。また、コマツやキャタピラーはすでに自動運転トラックを稼働させ、完全無人稼働を実現しています。中でもコマツの「KOMTRAX」は、建機にIoTセンサーやGPSを取り付けて、建機の位置情報や稼働状態、使用状況を遠隔地からリアルタイムに把握できるようになっています。

　鉱山だけでなく、土木・建設の現場でも、地面を掘削して構造物を作るという一連の工程の自動化が期待されています。3D CADで設計された情報どおりに、ロボット建機が建築物を作っていくことも可能になるかもしれません。

　工程のデジタル化が実現すると、世界の建設現場は大きく変わります。一定の品質で建造物が建てられるようになりますし、作業員が不要になれば生命にかかわる事故も減ります。24時間365日稼働させられるため、工期も短縮されて材料のロスも減らせるでしょう。

　重要なのは、**これらが実現されたとき、どの企業が主導権を握るかを考えて、今から行動する**ことです。自動運転ロボット建機を開発した建機メーカーが、自らゼネコンとして世界中の建造物を作る可能性はないでしょうか？　そのときゼネコンは、どうすれば主導権を守ることができるのか考えなくてはなりません。

物をデータ化してロボットが正確に作業するプロセスを作る

すべての工程をデジタル化

測量	設計	調達	工事	検査

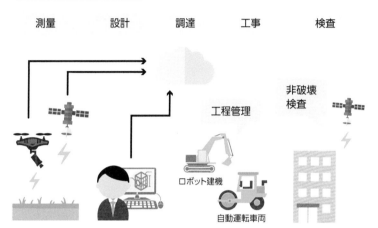

▲人工衛星やドローンによる測量が現実的になると、設計から検査までほとんどすべての工程をデジタル化して、無人化・自動化を実現できる。すでに海外の一部の鉱山では実用化されている。

老朽化したインフラの検査と保全

ゆがみ測定

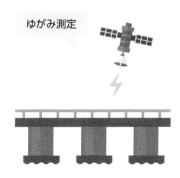

水道管、下水管、浄水設備
ガス管

▲膨大な構造物や地中埋蔵物の老朽化度合を測定・保全する分野では、人間による作業は安全性およびコスト的に見合わない。ロボットや人工衛星による無人非破壊検査をはじめとしたデジタル化を早急に行うことが求められている。

050

農業におけるDX

デジタル化がこれまでの農業の不可能を可能にする

　これまで解決困難だった課題が、新しいテクノロジーによって次々に解決されようとしている分野が農業です。日本を含めた多くの国で、農家の収入の低さに問題を抱えています。自然災害に見舞われて収穫できなくなれば、翌年の種や苗すら手に入らない地域もあります。そうした農家を金融技術で救う試みが始まっています。

　たとえば、スマートフォンのマップ機能とGPS機能を活用して、自身の土地をアプリに登録し、その土地の前年の作物と収量を登録します。衛星から作物の生育状況を監視できるようになれば、広大な土地のどこから収穫すべきか、どこで病気が発生しているかなどを把握できるほか、収穫時期を割り出したり、収量を予測したりできるようになります。その収量をもとに、融資を得ることも可能になるでしょう。さらに、**こうして収集されたデータは、農産物によっては先物市場の相場を左右する重要な情報となり得るため、情報をお金に換えることも可能**です。

　農作物の状態を衛星で測定できるようになったら、収集されたデータをもとに適切に対処していく必要があります。水分量が少なければ水分を与えたり、収穫に適したタイミングであれば収穫したりするなどです。デジタル化が進めば、こうした作業もロボット農機が行うようになるかもしれません。また、これまで採算ベースに乗せることが難しいといわれていた植物工場も、エネルギー価格が下がり、さらには収穫をロボットが行えるようになることで、採算ベースに乗る可能性が高まってきています。

農業技術が貧困問題、食糧問題、地球環境問題の矛盾を解決する

自然界をデジタル化

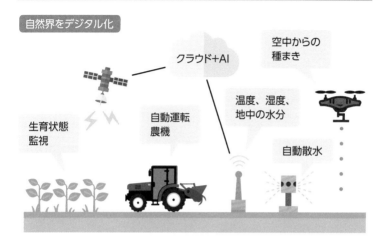

▲衛星やドローン、IoTなどによるセンサー技術、測定技術によって、デジタル化された情報をAIが解析し、自動運転農機をコントロールすることで、種まき〜収穫までを自動化する試みが海外を中心に行われ始めている。収量の予測値から融資を受けたり、リスクヘッジするために金融技術を使ったりすることで、農家の資金繰りを支援するスタートアップ企業も出てきた。

農地を創り出すさまざまなアイデア

▲森林破壊や河川の水・地下水の大量汲み上げによって、地球の砂漠化が進行したり、一部地域の飲料水不足が引き起こされたりする問題が出てきている。こうした環境負荷問題を解決すべく、海水の淡水化と合わせた海上に浮かぶ牧場や、オフィスビルと植物工場の融合など、新たなアイデアを実現しようとする試みが欧州を中心に生まれている。

051

エネルギー産業におけるDX

エネルギーを取り巻く世界の急激な変化にどう対応するか

技術革新によって自然エネルギーを中心に電源が多様化し、エネルギーの輸送方法に「V2V（Vehicle to Vehicle）」が加わりました。電力やガスの小売り自由化によって新規参入する組織が増え、地域内の1社だけで完結できていた時代から、さまざまな企業とエコシステムを築いていかなくてはならない時代になりました。

ここで課題となっているのが、情報システムどうしの接続です。エネルギー産業ではまだレガシーシステムが中心であり、2025年の崖で述べたような問題を抱えています（76ページ参照）。外部から既存システムに接続する必要が生じていますが、その改修が容易でないがゆえにコストもかかり、結果的にシステム改修案件の待ち行列が発生してしまう問題が出てきます。エネルギー産業のDXの第一歩として、スマートメータへの対応が挙げられていますが、次々と生まれる新たなシステムとの接続要求に対して、**まずは低コストで迅速に行えるシステムに切り替えていく**ことが大切かもしれません。

別の観点から見れば、エネルギーコストが下がり続ける今、グローバルにどう影響するかを考える必要がありそうです。風力発電や太陽光発電にかかるコストは、過去10年で急速に低下しています。フロリダパワーの火力発電の運用を担っている企業によると、あと数年もすれば、既存の火力発電所で発電し続けるよりも、新たに太陽光発電施設を作って発電したほうがコストが抑えらえるとされています。自然エネルギーを主力電源にするために問題視されているバッテリーも、この10年で大幅にコストが下がっています。

6

業種ごとのDXによる変革

自然エネルギーへのシフトとエネルギーコスト下落への対応が必須

他社との接続や契約切替をいかに低コストで早く行えるかがカギ

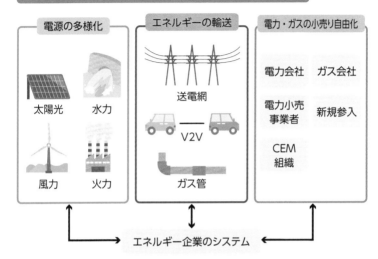

▲技術革新によって自然エネルギーのコストが急速に低下している。電力だけでなくガスでも小売り自由化が行われ、ますます競争が激しくなっていく。そのような時代に生き残るには、次々に生まれる新たなシステムとの接続要求に低コストで迅速に行えるしくみが必要だ。

グローバル市場でスケールメリットを確立する

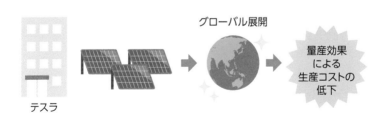

▲テスラが大量にソーラーパネルとバッテリーの需要と供給を生み出したため、太陽光パネルだけでなく、バッテリーの市場価格も10年間で8分の1に下がった。同じようにグローバル市場でスケールメリットを確立して電源調達コストを下げることで、エネルギー価格が下がっていく。

052

広告業におけるDX

新しい広告市場の多くはGAFAが獲得している現状

日本の広告業界では、2019年にインターネットの広告費がテレビの広告費を抜きました。世界では、広告市場全体の半分以上をインターネット広告がを占めています。日本も海外も広告市場全体は伸びているものの、成長しているのはインターネット広告です。残念ながらその広告売上の大部分をGoogleが握っており、次席をSNSという新たなメディアを築いたFacebookが占めています。

広告業界の地盤変化を見てわかることは、消費者が接点を持つもののデジタル化が進むことで、長時間見るものや頻繁に見るものが変わってくるということです。広告というのは、人がよく見るものや聞くものに、嫌悪感を抱かれないよう控えめに打ち出し、徐々に企業名や商品名などを認知させていくものなので、消費者の見聞きするものが変われば、それが新しいメディアとなります。現状ではGAFAがこうした顧客接点を広く獲得しているために、広告収入の多くを彼らが得る結果になっていますが、メディアはこれからも変わっていきます。**次のメディアを早期に見極めて顧客との接点を獲得することが、広告業のDX戦略の根幹になる**でしょう。

留意しておくべき点は、AIエージェントやAR時代が到来したときに、広告枠の横取りがあり得るということです。AIエージェントは広告が入る余地を消してしまう可能性がありますし、スマートグラスが普及すれば、AR技術によって現実世界を仮想空間が上書きすることも可能になります。ARグラス越しには、実際に出ている広告とは異なる広告が表示されるかもしれません。

長時間／頻繁に人の目に触れるモノがメディアになる

既存メディアの衰退とともに広告業のメインプレイヤーも変化する

メディアの主流		広告販売プレイヤー
過去	現在	
テレビ	YouTube	広告代理店（Google による直販）
テレビ	Netflix	広告なし（サブスクモデル）
ラジオ	Spotify	広告なし（サブスクモデル）
ラジオ	News サイト	広告代理店（Web 広告）
新聞雑誌	Google、Google マップ、Gmail	広告代理店（Google による直販）
新聞雑誌	LINE、Facebook	広告代理店（Facebook による直販）

▲メディアが変わったことで、広告の主役はGoogleとFacebook、Amazonといったデジタルネイティブ企業が奪い合うような形になっている。

人の目に触れるものが変わると広告業はどうなるか?

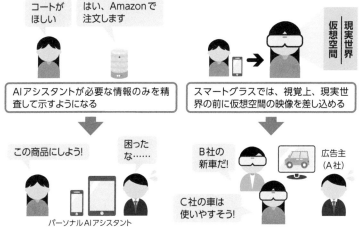

▲これからはパーソナルAIエージェントとスマートグラスが広告媒体となる。これらは広告スペースをジャックするプラットフォームにもなり得る。

053

小売業におけるDX

実店舗の意義は直接触れられることとすぐ手に入ること

　新型コロナウイルス感染拡大以前から、米国では一時は全盛を誇ったショッピングモールの衰退がよく見られるようになりました。その理由はAmazonにあります。ネットで商品を購入すると、即日ないし翌日には配送されます。わざわざ車で時間をかけて買い物する必要がなくなったことが、消費者の行動習慣を大きく変えました。この流れは米国だけでなく、日本でも現れつつあります。ネットで買い物が完結するデジタル時代に、はたしてデジタル化が難しいリアルな小売店で商売をする必要性はあるのでしょうか？　あらためて小売店の存在意義を考え直したうえで、DXを推進する必要がありそうです。

　実店舗の意義の1つは商品の持ち帰りが可能なことです。中でもコンビニや薬局は至るところにあり、生活に最低限必要なものを手軽に購入することができます。こうしたコンビニや薬局さえも、いずれはカメラやIoTセンサー、AIを駆使したレジの無人化と、棚出しやバックヤード業務をロボット化することで無人店舗化する方向になりそうですが、**人件費を含めた固定費をどれだけ減らせるかが課題**とされています。

　商品に直接触れられることも実店舗の意義として見直され、オムニチャネルが注目されています。**実店舗を商品を体験するための場所と位置付け、購入はネット上で行ってもらう**というものです。実店舗には商品の見本だけ置いておけばよいので、在庫をかかえることもありません。

ネットで完結する時代に店舗のメリットをどう生かすか

レジなし店舗は徐々に始まっている

入店時　商品を選択　決済

売れたから
商品追加

棚出し　入庫

▲中国でもレジなし店舗が始まっており、コロナ対策としてますます注目を浴びている。日本では横浜のコンビニで実証実験が始まっている。ただし、完全な無人店舗の実現には、トラックからの商品積み下ろしや入庫、棚出しを行うロボットの導入も必要となる。

リアル店舗の意義の見直しで注目されているオムニチャネル

来店　触って体感、使って体験!　ネットで商品購入

▲店舗で商品を比較・選定し、最安値を提示しているサイトで購入する消費者が現れたことから、店舗では商品を体感・体験してもらい、翌日自宅に配送するオムニチャネルという戦略が注目されている。

Column

各産業でDXを進めるために

　Chapter 6では、業種ごとに今後起こり得る変化と、完全デジタル化によって実現できる世界について解説しました。もちろん、ここで紹介したのはごく一部に過ぎませんが、未来の世界がイメージできたり、固定観念の枠が外れたりすることを期待しています。

　製造業では、所有からシェアへと移行する流れの中で、マイクロファクトリー化やサービス業化が1つの選択肢になります。その際に、財務戦略を駆使して資産を持たないようにする工夫も必要です。医療産業と食品産業・農業は、健康産業として密接につながっています。それぞれの関係性を俯瞰し、自社がこれから進出・集中する分野を探すのに役立ててください。

　不動産業と金融業も、業界の全体像を整理しました。利用者にとって何が最適なサービスであるのかを考えるうえで、こうした全体を俯瞰して考えることは非常に大切です。自社ですべてを提供するのか、他社とエコシステムを作り、全体像を一体化して提供するのか、プラットフォームとしてつなぎ役となってユーザーのニーズを満たすサービスを提供するのか、エコシステムの一部、あるいはプラットフォームの上に接続して1つのサービスに特化するのかなどを考える際にも役立つと思います。

　エネルギーや広告は、目に見えない戦いになることと、現在は存在しないモノやサービスが前提となるため、イメージを膨らませるしかなさそうです。小売業は、オムニチャネルが前提となり、リアルな店舗だけでの販売は減っていくでしょう。

　注意すべきなのは、複数の産業間の垣根がなくなる場合があるということを、常に頭に置いておくことです。

Chapter 7

DXを進めるための
ステップと事例

054

時代の流れを理解する

新しい社会で必要とされる企業であり続けるために

テクノロジーの進化は、あらゆる領域で、これまで不可能だったことを可能にします。**技術が進歩した時代で必要とされるためには、これから新たに生まれる課題を解決できる力を身につけなければなりません**。そのためにまず、時代の流れを理解するところから始める必要があります。

時代の流れを理解するにあたって、まずはテクノロジーが自社の未来にどのような影響をもたらすのかを知るところから始めます。日々進化しているさまざまなテクノロジーの中から、自社が属する産業に影響を与えるものをリストアップします。思いもよらないテクノロジーが影響を与えるかもしれないので、幅広にリストアップするのがよいでしょう。

次に、リストアップしたテクノロジーごとに未来年表を作ります。これはあくまでも予想で作ることになりますが、米国の未来学者、レイ・カーツワイル氏が作成した未来年表を参考にするのがよいでしょう（138ページ参照）。あるいは、未来予測について書かれた書籍から拾うのも1つの手です。

テクノロジーの未来年表ができたら、それらテクノロジーが未来のある時点において、自社の競争環境にどのような影響を与えるのかを整理していきます。たとえば、5年後や10年後の時点で、それぞれのテクノロジーがどこまで発展しているのかを年表から把握できるようにします。マッピングには、業界の競争状態を分析する「5 Forces Model」の利用がおすすめですが、それ以外でも構いません。

テクノロジーの進化がもたらす未来を考える

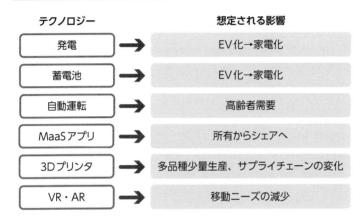

自動車業界とテクノロジーの関係

テクノロジー		想定される影響
発電	→	EV化→家電化
蓄電池	→	EV化→家電化
自動運転	→	高齢者需要
MaaSアプリ	→	所有からシェアへ
3Dプリンタ	→	多品種少量生産、サプライチェーンの変化
VR・AR	→	移動ニーズの減少

▲どのようなテクノロジーが進化すると、自社の経営基盤に影響しそうかを洗い出し、それぞれのテクノロジーの進化のスピードを整理する。

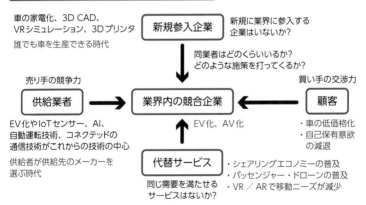

自動車業界を取り巻く5 Forces Modelの例

車の家電化、3D CAD、
VRシミュレーション、3Dプリンタ

誰でも車を生産できる時代

新規参入企業 — 新規に業界に参入する企業はいないか?

同業者はどのくらいいるか?
どのような施策を打ってくるか?

売り手の競争力 — **供給業者** → **業界内の競合企業** ← **顧客** — 買い手の交渉力

EV化やIoTセンサー、AI、
自動運転技術、コネクテッドの
通信技術がこれからの技術の中心

供給者が供給先のメーカーを
選ぶ時代

EV化、AV化

・車の低価格化
・自己保有意欲
　の減退

代替サービス

同じ需要を満たせる
サービスはないか?

・シェアリングエコノミーの普及
・パッセンジャー・ドローンの普及
・VR／ARで移動ニーズが減少

▲それぞれのテクノロジーがどこまで進んでいるのかを時間軸で俯瞰したとき、自社を取り巻く競争環境がどうなっているかを時間軸ごとに5 Forces Modelに整理することで、自社の未来における機会と脅威が見えてくる。

055

未来の課題を考え、
自社の資産を整理する

B2CもB2Bも、未来の生活者が抱える課題を起点に考える

　時代の流れを理解し、5年後・10年後の競争環境を描けたら、次は5年後・10年後の社会で求められる商品・サービスを考えていきます。そのためには、**テクノロジーが進化した5年後・10年後に、生活者を取り巻く社会がどのように変わっていくかを、できるだけリアルに想像すること**が望ましいでしょう。

　新しい社会を想像するための資料としては、たとえば内閣府が作成した資料「Society 5.0『科学技術イノベーションが拓く新たな社会』」がおすすめです。国民に広く理解してもらえるように、イラストとともにイメージしやすく説明されているからです。あるいは、未来を舞台にしたアニメや映画が参考になるかもしれませんし、イーロン・マスクやリチャード・ブランソン、ジェフ・ベゾス、ビル＆メリンダ・ゲイツ財団が手がけているプロジェクトがすべて成功裏に実現したときの社会を考えてみるのもよいかもしれません。

　次に、未来の生活シーンを整理します。人々の移動手段や住まい、医療や健康・介護、食事などがどうなっているかを考え、そのときに人々が抱える課題を想像してリストアップしていき、課題解決のためのサービスを考えます。その課題を解決できる企業こそが、その時代に求められる企業ということです。

　ここまでできたら、自社が課題解決のためのサービス提供にどのようにかかわれるかを考えます。直接課題を解決するサービスを提供できるのか（B2C）、あるいはサービスを提供する企業に何かを提供するのか（B2B、B2B2C）を考えていくのです。

未来の社会課題を解決できる企業になることを目指す

10年後の社会を知ること

出典：内閣府「Society 5.0『科学技術イノベーションが拓く新たな社会』」

▲内閣府が作成したSociety 5.0の資料には未来の社会がまとめられている。重要なことは、これが想像上だけでなく、10年後に実現すると信じることである。

未来の生活シーンと課題を整理する

	2030年は どのような 社会？	その社会での 生活者の 課題	求められる サービス	提供 プレイヤー	自社の立場で提供者・ 生活者をサポート できるサービス
移動・交通	自動運転車が 走り始める	ロボタクシー が高価	ロボタクシー 車両の投資 サービス	自動車会社 ローン会社	保険サービス
住まい					
医療・介護					
⋮					

▲たとえばB2C産業であれば、未来の生活シーンを定義し、次にその社会で生活者が抱えるであろう課題について仮説を立て、さらにその課題を解決するために求められるサービスを考える。そしてそのサービスに対して、自社はどのように貢献できるかを考えて整理する。

7
DXを進めるためのステップと事例

056

新しい社会で必要とされる
必要な能力を身につける

自社にない能力を身につけるには、その能力を持つ他社と組む

　未来の生活者が抱えるであろう課題とそれを解決するためのサービスに、自社がどのようにかかわっていけるかを整理できたら、自社が必要とされる企業になるために、足りないものや補わなくてはならない課題をリストアップしていきます。

　おそらくこの課題は、どうしたらよいのかわからないものも含めて非常に多いことでしょう。したがって、**複数の課題をまとめて解決できる大枠の課題、あるいは身につけるべき能力や資産を抽出し**ていきます。ボウリングのように、センターピンを倒すと残りのピンもガラガラと倒れてくれるような存在を探すのです。大枠の課題を解決できれば、それに付随する課題も解決することができるため、やるべきことを大幅に減らすことが可能です。それはもしかしたら、ベンチャースピリッツにあふれた企業風土だったり、新たなプロジェクトや事業を起こすうえで必要な資金を集められる能力だったり、デザイン思考やPoC（仮説検証プロセス）、リーン・スタートアップなどの経験が豊富なチームであったりするかもしれません。

　センターピンを見つけたら、自社がそのピンを倒すための能力を手に入れるために必要なステップを整理していきます。自社だけで行う必要はありません。**事業提携したりパートナー企業を探したりするのもよいですし、あるいはM&A（企業の合併や買収）やスタートアップ企業への出資やサポートなど、ないものは借りればよいの**です。自社のリソースだけに固執していては実現できません。なぜならその結果が、今の自社だからです。

今の自社に足りない能力を開発する

課題のセンターピンを倒す！

▲未来の生活者が抱える課題を解決するサービスに自社が重要な役割を担えるようになるためには、今の自社に欠けているものをリストアップし、それらをまとめて解決できるセンターピンを見つけることが大切だ。

自社に欠けているものを獲得するためのステップと仮説検証プロセスを描く

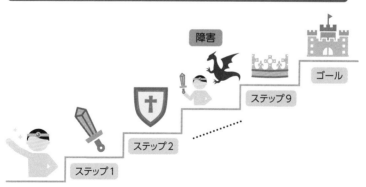

▲自社が実現できるようになるまでに乗り越えなくてはいけない壁とその方法を仮説として立て、解決していくステップをスケジュールに組む。

7

DXを進めるためのステップと事例

057

ビジネスモデルを設計する

ビジネスモデルキャンバスはコスト構造から先に埋める

　新しい社会で必要とされる商品やサービスを提供する企業となったとき、どのようなビジネスモデルが成立するのかを検討します。これは、将来そのポジションを獲得するために、企業がどのような能力を身につけなくてはならないのかを知ることに役立ちます。

　ビジネスモデルを整理するために、ピクト図とビジネスモデルキャンバスの2つの図を作成するのがよいでしょう。ピクト図は、商流・物流・金流・情報流を概要レベルで理解する助けになります。ピクト図で表現することで、**その事業における戦略的に重要な価値がどこにあるのかを見極めやすくなります**。一方のビジネスモデルキャンバスでは、まずはコスト構造を、次に提供価値を描くところから始めてみてください。大きなシートを用意し、付箋に案を書き出して張っていくと、関係性や全体像を把握できます。

　万一複数の提供価値が出てきたとき、それぞれのステークホルダーが異なる場合は、思い切って異なるキャンバスに分けるほうがよいでしょう。また、固定費や資産の比率が低く、限界コストの低いビジネスにするためには、価値提案の次にコスト構造と収益の流れを埋めてから、そのほかの項目を埋めていくほうがよいと思います。**固定費や資産を軽くすることを意識すると新たな発想が生まれ、価値提案の内容を方向転換したくなったり、リソースやパートナーの選び方、チャネルや顧客セグメントの選び方も変わってきたりします**。これを反対から埋めていくと、ほとんどの場合、急成長しやすいコスト構造にはなりません。

目指すべきビジネスモデルを整理する

ピクト図で表現するアパレル企業のビジネスモデルの例

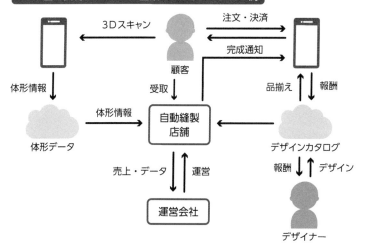

▲ピクト図はサービスの流れを整理するうえで非常に有用だ。何が重要であるのかも認識しやすくなる。

ビジネスモデルキャンバスを利用する

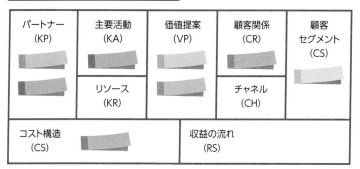

パートナー (KP)	主要活動 (KA)	価値提案 (VP)	顧客関係 (CR)	顧客 セグメント (CS)
	リソース (KR)		チャネル (CH)	
コスト構造 (CS)		収益の流れ (RS)		

▲ビジネスモデルキャンバスは、誰にどのような価値を提供するのかを明確にするために優れたツール。ステークホルダー全員を整理することができるため、足りない能力を浮かび上がらせることもできる。さらには、コスト構造や収益の流れをレビューしやすいため、デジタルネイティブのような限界コストを下げる資産や固定費が軽いビジネスモデルを意識しやすい。

058

デザイン思考と
リーン・スタートアップ

顧客がすべてを知っているわけではないことに注意

新しい商品やサービスを開発する際に、最近では「デザイン思考」
や「リーン・スタートアップ」という手法が使われています。

デザイン思考は、**自社の置かれている立場といったん切り離して
始める**必要があります。そうでないと、自社ができる範囲でしか対
処できず、課題を抱える顧客に本当の意味でより添い、共感するこ
とができないからです。現代社会で解決されずに残っている課題の
ほとんどは単純なものではありません。それらの課題を解決するた
めには、従来は誰も行わなかったプレイヤーとチームを作る必要が
あるかもしれません。

一方で、顧客のいうことすべてが正しいわけではないことも、肝
に銘じておかなければなりません。顧客は、見たことも触ったこと
もないものは「わからない」としかいえないからです。たとえば
iPhoneは、画期的な機能が次々に搭載され、今や私たちの生活を便
利にしてくれていますが、実際に使ってみなければ、その利便性は
わからなかったのではないでしょうか。

新しい社会で必要とされる商品やサービスが現在は存在しない課
題を解決するものの場合は、解決策を創造し、仮説検証を行います。
その際に必要となるのが、リーン・スタートアップとアジャイル開
発のプロセスです。リーン・スタートアップは**コストをかけずに
MVP（136ページ参照）を使って顧客の反応を得ながら改善して
いく起業方法**で、アジャイル開発は**「計画〜設計〜開発〜テスト」
を短期間でくり返して品質を高めていくシステム開発手法**です。

顧客に共感し、会話をしながら作り上げる

デザイン思考とは

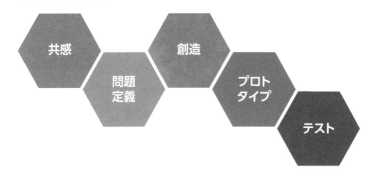

出典：スタンフォード大学（https://dschool.stanford.edu/）

▲まずは顧客が抱えている課題に共感するところから始める。課題を生み出している根本的な問題を定義し、その問題を解決する方法（仮説）を創造してプロトタイプを作り、その仮説をテストするという5つのステップをくり返し行う。根本的な問題を小さく捉え過ぎると本質を見逃してしまうため注意が必要だ。

デザイン思考、リーン・スタートアップ、アジャイル開発の関係

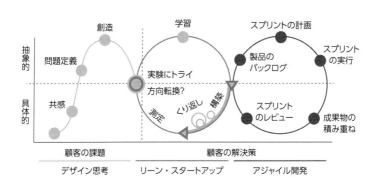

出典：ガートナー社による事業検証プロセス

▲デザイン思考のプロセスの後半（プロトタイプとテスト）は、リーン・スタートアップとアジャイル開発のプロセスで行う。

059

MVPを作ってリスクを
最小限に抑える

リスクを回避する製品開発のアプローチの1つがMVP作成

MVP（Minimal Viable Product＝実用最小限の製品）は、コンセプトが伝わるように最小限の手間とコストで作られたプロトタイプや製品のことです。従来は、コンセプトどおりの製品をフルスペックで完璧に仕上げてから限られた市場だけに投入して市場テストを行っていましたが、顧客の支持が得られなかったときはリカバリーに時間もコストもかかってしまいます。一方、コンセプトを早い段階で顧客に提示し、その反応を見て、顧客からのフィードバックをコンセプト自体、またはそれを具現化した製品・サービスに反映させることで、顧客からの反応が悪かったとしても、無駄になる時間やコストは最小限で済ませることができます。

事前のデザイン思考のプロセスで顧客が求めていると定義されたものが、実際に販売してみると、顧客に興味を持ってもらえないケースは少なくありません。多大な時間とお金を投資して開発した製品は、市場が真に求めているものではなかったということは意外と多いものです。したがって、**MVPの開発は、早めに顧客のフィードバックを受け、それを反映させて、再び顧客のフィードバックを求めるというサイクルをくり返し進めていくうえで適している**のです。

MVPは、必ずしも完成した商品やサービスである必要はありません。たとえば、クラウドファンディングにコンセプトを掲載して資金を集めるというプロセスも、提示したコンセプトを具現化したものにターゲットとなる顧客がお金を払うかどうかを早期に確認できるという意味で、とても優れています。

7

DXを進めるためのステップと事例

MVPで顧客の反応を早期に得る

MVP＝実用最小限の製品

▲MVPは、実際に販売できるレベルの完成度のものをいうこともあれば、コンセプトを伝えるための資料や映像だけのことをいうこともある。MVPと顧客の反応を得るためにクラウドファンディングを活用することも多い。

従来の市場テストとMVPの違い

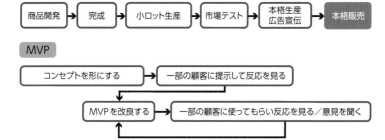

▲市場テストしてから本格販売するという従来の方法では、市場テストの段階で初めて顧客の反応を確かめられるため、よい結果を得られなかったときに、最初に生産したロット分の商品とそれまでの開発にかけた時間やコストを無駄にする可能性がある。一方で、MVPは顧客の反応を見ながら商品を開発していくことができるため、開発前のコンセプト段階から顧客の反応を商品にフィードバックすることができる。

Column

レイ・カーツワイル博士の
未来年表

　レイ・カーツワイル博士の未来年表とは、未来予測的中率86%といわれるレイ・カーツワイル博士が2013年に予測したものです。

年	出来事
2022〜2023	合法的に全米を自動運転車で移動できるようになる
	子どものおもちゃはすべて機械学習が組み込まれた"スマート"おもちゃになる
	ロボットは受付案内係や店舗アシスタントなどとして十分に役立ち、人間と交流できるくらいまでに会話の文脈を理解できるようになる
2024〜2025	1日に1千万機のドローンが飛ぶ（現在は1日の民間航空会社のフライト数が10万便）
	ドローンが定期的に荷物を配達する。届ける先はマンションの屋上で、屋上には別のロボットが待機し、玄関の前まで運んでくれる
2026〜2027	クルマの所有がなくなり、道路を走るのは自動運転車だけになる
	東京やロサンゼルス、サンパウロやロンドンなどの大都市では、毎日10万人の人々がVTOL（垂直離着陸機）で通勤する
	垂直農業が主要なメガシティにおける食糧生産でビジネスとして成立するようになる
2028〜2029	太陽光と風力が新しい電力発電において100%近くを占める
	自動運転電気自動車が大都市を走るクルマの半数に達する
	ロボットとヒトの関係性が深まる。老齢介護やパーソナルケア、食事の用意などの分野でとくにその傾向が強く出る
2030〜2031	AIがチューリングテストに合格。あらゆる領域でAIは人間の知能と同等または超えるようになる
	人類は富裕層の"寿命回避速度"に達する
2032〜2033	アバターロボットが普及。すべてのヒトが、世界中の遠隔地へと意識をテレポートさせることができるようになる
	ロボットはすべての場所であたりまえになる。手作業での労働やくり返し作業（たとえば受付係やツアーガイド、ドライバー、パイロット、建設従事者など）が消滅する
2034〜2035	多くの超困難な問題（たとえば癌や貧困）が解決する
	ロボットはメイドや執事、看護師や子守のように動き、完全な仲間・友人になる。家庭では孤独な老人のサポートまで手を拡げる
2036〜2037	長寿治療はルーティン的に可能で、生命保険約款によって保障される。人間の平均寿命を30〜40年延長させることができる
	スマートシティが世界規模で作られる。太陽光エネルギーを利用し、食糧を生産・配送し、安全で効率的な交通手段を提供し、すべてがAIで拡張されたサービスを持つ
2038〜	日々の生活において、現実と仮想の見分けが付かなくなる。驚くほど質の高いハイパーVRとAIが世界のあらゆる要素と人間生活のあらゆる局面を拡張させる

Chapter 8

DXの今後の展望

060

人間の仕事がなくなる?

多くの仕事がなくなるも、人間はより豊かな生活を送れる

DXが進むとさまざまなものがデジタル化され、多くの業務が自動化されていきます。今は人間が行っている仕事も、いずれはなくなってしまうのではと不安を抱く人もいることでしょう。残念ながらその不安は、デジタル化によって現実となりそうです。

ロボットやAIだけでなく、**社内の業務処理すべてがデジタル化されると、24時間365日、休みなく稼働させることができます。**メンテナンスが必要になることもありますが、その間も代わりのロボットやコンピュータが仕事を続けてくれるでしょう。彼らは文句もいわずに淡々と作業をこなしていきますし、その日の気分によって進捗具合が左右されることもありません。もちろん、残業手当や休日出勤手当も不要です。むしろ、集中力を長時間一定に保つことが難しい人間が処理するほうが、揺らぎが発生し、業務の妨げとなるのではないでしょうか。

今後、各国で労働者の雇用を守る動きが活発になるかもしれませんが、そのような国の産業は国際競争に負け、最終的に多くの人が職を失うことになりかねません。それどころか国としての収益源も失うでしょう。とはいっても、悲観的になる必要はありません。生活に必要なものが無料に近付いていくからです。水やエネルギー、通信や教育、移動・交通、食費などは、無料で無限に手に入れることができる太陽エネルギーの力から動力を生み出すことができます。要するに、**生活のために働く必要がなくなり、皆がそれぞれにやりたいことをやっても生きていける社会になっていくのです。**

生活のために働く必要がなくなる社会へ

ロボットやAI、コンピュータが人間の仕事を急速に奪っていく

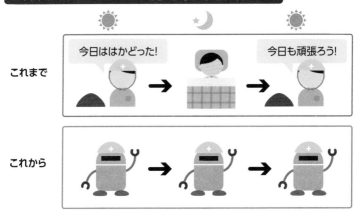

▲自動運転やロボットの自動制御、プロセス自動化により、人間が行う仕事は急速に少なくなっていく。労働者を抱える企業は国際競争で淘汰されていくため、労働者を守る法律は意味をなさなくなる。

無限エネルギーの活用で物価は急速に下がる

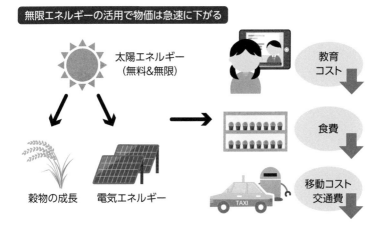

▲水やエネルギー、教育、移動の価格は今後大幅に値下がりする。食料価格も値下がりが期待されている。住居の価格が下がれば、生活のために必要なコストを大幅に下げることが可能だ。

061

衛星画像・データが
あらゆる情報を収集する

人工衛星の低価格化がDXの可能性を大きく変える

　DXの可能性を拡げ、これからの社会を劇的に変えるであろうテクノロジーとして注目したいのが、人工衛星によって得られる情報の活用です。人工衛星の画像やデータは、GPSのように軍事目的で利用されていることや、気象衛星で活用されていることくらいしか思い浮かばないほど、まだあまり一般的ではありません。

　民間用途としては、すでにNASAによって、ブラジルの森林破壊の画像や、農産物の生育度や病気の観測、地下鉱脈・地下水脈の探索などに用いられているものの、やはり高価ということもあって、一般的な情報収集手段としては我々の意識外にあります。しかしながら、人工衛星を取り巻く環境は劇的に変わっています。その理由としては、**人工衛星を打ち上げるためのロケットが低価格化したことと、人工衛星自体が小型化・軽量化しながらも高性能になったこと**が挙げられます。

　人工衛星の大きさと重量は、打ち上げコストに大きく影響します。大きければロケットに搭載できる基数が限られますし、重量は燃料コストに直結します。燃料自体も重量をともなうのでなおさらです。また、性能が上がったことで、たとえば撮影した画像の解像度が人間を認識できるくらいの細かさになります。**さまざまな周波数で撮影することで、これまでは雲に隠れて映せなかった時間帯も撮影することができるようになります。**人工衛星が手に届く価格帯になれば、これまで考えもしなかった用途に使えるのです。

ロケットの低価格化が衛星画像のコストを減らす

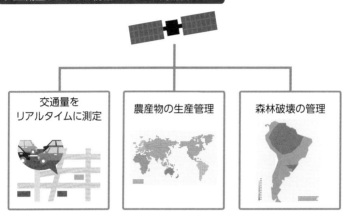

| 交通量を
リアルタイムに測定 | 農産物の生産管理 | 森林破壊の管理 |

▲人工衛星の性能は急速に進化しており、小型化と高解像度化が進んでいる。AIによる画像処理技術の進化と合わさり、地上のさまざまな事象を空から測定することが容易だ。

ロケットの低価格化が衛星画像を手に届く価格になる

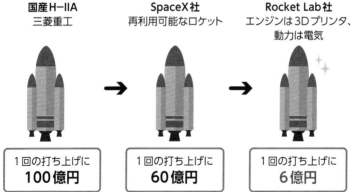

| **国産H-IIA**
三菱重工 | **SpaceX社**
再利用可能なロケット | **Rocket Lab社**
エンジンは3Dプリンタ、
動力は電気 |

| 1回の打ち上げに
100億円 | 1回の打ち上げに
60億円 | 1回の打ち上げに
6億円 |

▲SpaceX社はロケットを再利用することでコストを大幅に削減し、Rocket Lab社は小型化したロケットを3Dプリンタを活用して製造することでコストを削減した。1回の打ち上げで6基の小型人工衛星を搭載できることから、衛星打ち上げ費用は1億円になる。こうした人工衛星の低価格化により、衛星映像や衛星で測定するデータの価格が劇的に下がると予想される。

062
身体や物体への負担を減らす非侵襲検査

内部状態の検査が容易になり、測定頻度が上がる

物体の内部を分解・解体せずに見る透視には、これまでX線や核磁気共鳴、超音波などが用いられてきました。しかし、X線は被ばく対策のために設備が大がかりになりがちですし、病院のMRIで活用される核磁気共鳴は、閉じた装置の中でしか使えず、金属を入れてはいけないなどの制約が大きいために用途が限られています。

最近は超音波の測定器も小型化されています。ハイパースペクトルカメラのように、**危険性のないさまざまな周波数の波を発振し、反射して戻ってきた波から複雑な画像処理を行うことで、X線やCTと同様の画像を見ることができる**ようになってきました。

このように、「透視」するテクノロジーの進化によって、これまで不可能だったことが可能になりつつあります。たとえば、身体の内部は被ばくのリスクがあることから、X線やCTを使って測定する頻度を増やせませんでした。また、MRIと超音波によるエコー検査を行うには、検査技師が10 ～ 40分拘束されてしまいます。したがって、毎日検査するようなものではありませんでした。

しかし、Exo-imagingのようなタブレットサイズの端末であれば、医師は携帯して持ち歩くことができます。患者側も家庭の浴室や洗面所に置いておけば、毎日の定点観測が可能になり、日々の観測結果をAIやコンピュータで分析することで、腫瘍や血管の詰まり具合を検知できるようになります。

また、構造物にも、携帯しやすい高性能な測定器は活用できます。非破壊検査でより精密な検査が可能になりました。

透視の技術がヒトやモノの寿命を延ばす

X線を使わずにCTスキャンレベルの画像を再現できる

毎日の定点観測から
身体の内部を検査できる

汗の成分から血液成分を検出して
病気の早期発見につなげる

▲身体を傷付けずに身体内部の状態を測定する技術が急速に進化している。スマートウォッチが汗の成分から血液成分を検出できるようになれば、病気の早期発見や、個々の身体によって異なる薬効や食べ物を知ることができるようになる。

モノを破壊せずに内部の状態を見られる非破壊検査

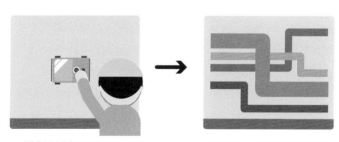

測定器を活用すると…

コンクリート構造物の内部を
透視できる!

▲最近では画像分析技術の高度化によって、超音波や近赤外線を含めた放射能のような危険性の少ないさまざまな波長の光線を照射し、反射されて返ってくる波長を画像処理することで、これまで測定困難だった構造物の内部を検査できるようになってきた。

063
AIはさまざまなモノの
自動制御を可能にする

AIも育て方と育てる環境の整備が大切

　自動運転車のニュースでは走行時間が話題に上ることが多いですが、その理由は、AIがどれだけ学習できたのかを公表するためです。同様に、機械やロボットを自動制御するAIを開発するには、数多くの経験が必要です。

　どこかの部品を動かそうと、制御命令（どこかの回路に対して電源のオン・オフや電流量の調整をする命令）を送ると、機械は命令に従って動きます。たとえば、2足歩行ロボットが片足を動かすとバランスが変わりますが、ジャイロセンサーが傾きを測定し、AIに伝えることで、倒れないように上半身や別の足を動かす命令を送ります。つまりAIは、**制御命令とその結果の双方のデータを入力することで自己学習が可能**になり、どんどん賢くなっていくのです。哺乳類が生まれてから立ち上がれるようになるまでに、失敗をくり返しながらも、動作とその結果から学習していくのと同じです。

　しかしAIが人間と異なるのは、複数の経験から得られたデータを1つのAIが学習し、成長したAIを複製して、ほかの製品にも制御エンジンとして組み込める点です。つまり、AIが状態を知り、制御命令を送ったことによって変化した状態を知ることのできる対象が多ければ多いほど、AIの学習速度は速くなります。

　業務データを扱うAIにも同じことがいえます。そのため、業務データから導き出された結果を受けて実施されるアクションがあいまいだったり、正確にデータ化されていなかったりすると、ノイズが入り、精度の低いAIしか育てられません。

対象物の状態と動作の両方のデジタル化がAIの肝

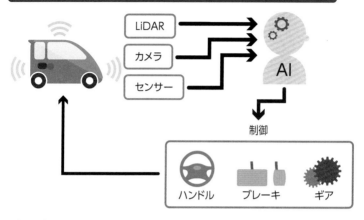

自動運転の学習能力はセンサーと制御のフィードバックループの数による

LiDAR

カメラ

センサー

AI

制御

ハンドル　　ブレーキ　　ギア

▲自動運転分野ではWaymoがもっとも進んでいるように思われているが、テスラはすでに、市場で走っているほぼすべての車両の走行データをAIが学習できるようにしている。

自動運転はクルマだけではない

ドローン

配電盤

建機　　　　　　　配管　　　　　　ロボット

▲AIの判断によって自動制御できる用途はクルマだけではない。重機や建機はもちろん、電気のスイッチのオン・オフ、電流量や電圧の調整、ガスや水道などの流体の閉開栓と流量の調整など、さまざまなモノが制御可能だ。

064

日常を一変させる
スマートグラス

見るものすべてを変化させるスマートグラス

　スマートグラス（ARメガネ）も、これからの社会を激変させるテクノロジーとしてとくに注目すべきものです。携帯電話やスマートフォンが社会を変えたインパクトをも凌駕するでしょう。

　まず、スマートグラスの解像度を上げることが条件ではありますが、パソコンやスマートフォンなどを持ち歩く必要がなくなります。なぜならスマートグラス越しに、必要な情報が仮想的に表示されるからです。辞書やカメラ、固定電話などがスマートフォンに取り込まれてしまったように、さらに**多くの物体が質量を失くしてデジタルに変わり、持ち運びが容易になります**。

　周囲の景色も瞬時に変えられるようになります。これもスマートグラスの視界を広げる必要がありますが、部屋の中にいながら、大自然の湖のほとりにいるかのような気分に浸れるのです。まさに「どこでもドア」です。また、Zoomのようなリモート会議やオンライン飲み会も臨場感が増し、同じ空間で直接会話をしているように感じられることでしょう。これは移動のニーズを劇的に減らします。

　スマートグラスは、**現実世界の視界に仮想レイヤーが割り込むような形**になります。屋外広告などが見る人によって上書きされることになるかもしれません。詳細は152ページで説明しますが、いずれはスペーシャル（空間）ウェブが普及するといわれています。目の焦点に合わせて解像度や焦点を自動的に変えてくれる機能が付くようになれば、高齢者からの需要が高まり、スマートグラスの普及が拡がる可能性も期待できそうです。

生活を劇的に便利にするキラーテクノロジー

スマートフォンからスマートグラスへ

▲スマートグラスが普及すると、現実世界と同じように、パソコンの画面や入力デバイスが視界に入ってくる。画面が大きい、視野が広い、歩きスマホのリスクが減るなど、スマートフォンと置き換わる存在になる可能性がある。

スマートグラスが新たにできること

▲スマートグラスでは、現実世界の手前やうしろに仮想映像を差し込むことができる。視界にナビを表示したり、建物やヒトの情報を表示したりすることも可能だ。目の焦点に合わせて映像の焦点を変えることができれば、遠視・近視の切り替えが自動的に行われ、高齢者からの需要が高まるだろう。

065

可能性を拡げる
ディープフェイク技術

これからはデジタルヒューマンが活躍する

CGおよびAIの画像処理技術の発展によって、本物さながらの偽映像が作られるようになっています。これには「ディープフェイク」と呼ばれる手法が用いられており、今後さまざまな社会問題を投げかけることでしょう。しかし、実は負の側面だけではありません。ディープフェイクによって便利になることもたくさんあるのです。

たとえば忙しいとき、自分の分身がいたら……なんて思うことはないでしょうか。**ディープフェイクの技術を用いて自身のデジタルアバターを作れば、重要度の低い仕事をかわりにやってもらえるようになるかもしれません。**もちろん、相手に偽物だと気付かれないよう、本物と同じように話し、受け応えできなければなりません。

スイスの大手銀行であるUBSは、IBMクラウドとデジタルヒューマンの技術を使ってカスタマーサービスを実現しています。デジタルアシスタンスと呼ばれるこうしたサービスは、今後コールセンター業務を置き換えていくことになるでしょう。

テレビのニュースキャスターでも、デジタルヒューマンがデビューしているようです。ただ報道を読むだけの役割であれば、デジタルアシスタンスよりは導入しやすいかもしれません。また、サムスン傘下の企業が販売している「NEON」は、テレビタレントの出番を奪う可能性があります。架空のデジタルパーソンは、私生活で不祥事を起こして企業や番組のイメージを落とすことがないため、タレントとして引っ張りだこになりそうです。

ディープフェイクの技術は使い方次第

ますます発展するディープフェイク技術

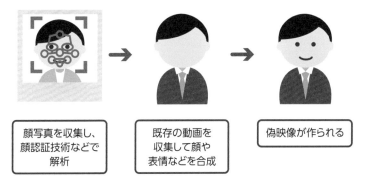

| 顔写真を収集し、顔認証技術などで解析 | 既存の動画を収集して顔や表情などを合成 | 偽映像が作られる |

▲CG技術の発達により、コンピュータが実在の人物の映像を創り出し、動きまでをも模倣することを可能にした。ディープフェイクは悪い話ばかりではない。

ディープフェイク技術を使ったデジタルアバター

https://neon.life/frame

▲デジタルアバターによって人間のデジタルコピーを作れるようになると、多忙で人気のある人を多数生成し、パーソナルな対応を行えるようになる。ただし、それぞれのアバターが経験したことをオリジナル（本人）の経験として記憶付けるには、ブレイン・マシン・インタフェース（脳と機械をつなぐ技術）が必要だ。

066

生活体験を大きく変える
スペーシャル（空間）ウェブ

仮想的に作られた部屋で人と会える

148ページで、スマートグラスをかけて視界に仮想レイヤーを割り込ませることで、現実世界に仮想の物体を映り込ませられることを説明しました。それをさらに進化させると、スペーシャル（空間）ウェブというコンセプトにたどりつきます。

たとえば、スマートグラスをかけて部屋の壁を見たとき、壁の前に現実には存在していない仮想空間のドアを映すとしましょう。スマートグラスの視界の中でそのドアを開けると、ショッピングモールの中が見えます。現実世界では壁があるため、物理的にその先に行くことはできませんが、スマートグラスの視界の中では、ショッピングモールに入り、通路を歩いて好きなお店を見て回り、最新のブランドバッグを手に取ったり、新発売の洋服を試着したりすることができる——これがスペーシャル（空間）ウェブです。もちろん、バッグを手に取ったり洋服を試着したりするときに触覚は感じませんし、通路を歩くといっても実際に歩いているわけではありません。**あくまでも視覚だけの世界ですが、新しい可能性を切り拓くものであると期待されています。**

ところで、仮想空間にも2つの種類があります。1つはまったくの想像の世界です。2000年代に流行したセカンドライフをイメージするとわかりやすいかもしれません。もう1つは現実空間のデジタルツインで、ミラーワールドとも呼ばれます。しかしこれは、**提供するプラットフォーム間で1つに統一されていなければ、同じ現実空間のコピーが乱立し、約束した場所で会うことが困難になります。**

8
DXの今後の展望

仮想空間をリアルの空間と同じように体験する

リアルとバーチャルの融合がスペーシャル（空間）ウェブ

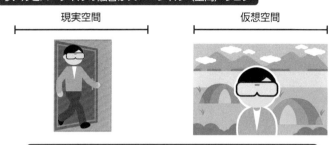

現実空間　　　　　　　　　仮想空間

都心にある自宅のドアを開けたら空気がきれいなキャンプ場へ！

▲スマートグラスを通して、現実世界のデジタルツインであるミラーワールドと融合し、その先にVR仮想空間が広がる。視界の中でそれぞれの世界を自由に移動できるようになる。

異なるデバイス間で共通の世界観が共有されることが大切

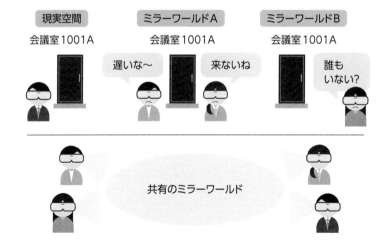

現実空間　　　　　ミラーワールドA　　　　ミラーワールドB
会議室1001A　　　会議室1001A　　　　　会議室1001A

遅いな〜　　　来ないね　　　誰もいない？

共有のミラーワールド

▲仮想空間はすべての人に共有されないと、同じ場所にいるつもりでも、パラレルワールドのように世界が違うために会えない事態が発生する。異なるデバイスや異なるアプリが透過的に結び付けられるようになることを期待したい。

分類	企業名・URL	概要
ソフトウェア	**株式会社オプティム** URL https://www.optim.co.jp/	システム開発・販売を主な事業とする。農業のDXに取り組んでおり、ピンポイントで農薬散布したり肥料を与えたりするといった「スマートアグリフードプロジェクト」を手がけるなど、DXを加速させる活動を行う。
ソフトウェア	**サイボウズ株式会社** URL https://cybozu.co.jp/	グループウェアのソフト開発や業務改善サービスなどを提供する。クラウドサービスを主力に利益を伸ばしている。同社が提供する「Kintone」は規模を問わずさまざまな企業で導入されている。
ソフトウェア	**株式会社キューブシステム** URL https://www.cubesystem.co.jp/	独立系のソフトウェア会社。技術戦略室とDX事業推進室を中心に、「技術研究・開発」「社内技術教育」「外部協業・情報収集」を主な活動テーマとし、DX事業にかかわる研究開発や事業創発などを行う。
ソフトウェア	**コムチュア株式会社** URL https://www.comture.com/	AIやIoT、ビッグデータなどの技術で事業を拡大。クラウド、デジタル、エンタープライズ、プラットフォームソリューションの4つの事業分野でDX支援に注力している。
電気機器	**富士通株式会社** URL https://www.fujitsu.com/jp/	総合ITベンダー。AI、IoT、5G、データ、クラウド、コンピューティング、サイバーセキュリティの7つの領域に重点を置いている。2020年4月には顧客企業のDXを実現する「Ridgelinez株式会社」を設立。
電気機器	**日本電気株式会社** URL https://jpn.nec.com/	DXの取り組みを強化するため、AIや生体認証・映像分析などのノウハウを集めた「NECデジタルプラットフォーム」を提供。また、非接触を実現する「デジタルワークプレイス」を活用し、新たな働き方を整備している。
精密機器	**株式会社トプコン** URL https://www.topcon.co.jp/	光学機器メーカー。「医」「食」「住」のそれぞれの分野における課題を、トプコン独自の技術やIoT技術などを活用したDXソリューションで解決する取り組みを推進している。
鉄鋼	**JFEホールディングス株式会社** URL https://www.jfe-holdings.co.jp/	大手鉄鋼メーカーのJFEスチールなどを傘下に持つ持株会社。鉄鋼事業では異常度合の経時変化をマップ化することで設備稼働率を向上。エンジニアリング事業ではAIを活用し、河川水位を予測・配信するクラウドサービスを構築。
建設機械	**株式会社小松製作所** URL https://home.komatsu/	日本の建設機械・鉱山機械メーカー。DXを駆使した「スマートコンストラクション事業」では、調査・測量から検査までの一連のプロセスをデジタル化し、建設現場の課題解決を図ろうとしている。
建設機械	**Caterpillar Inc.** URL https://www.caterpillar.com/	米国に本拠地を置く世界最大の製造会社。2020年には自動運転機能搭載の建機を連携させ、現場で稼働する建機の状況をモニタリングすることで作業効率化の最適化を図った。

ゴム製品 **株式会社ブリヂストン** URL https://www.bridgestone.co.jp/	世界大手のタイヤメーカー。売り切りではなく、サービスとして提供していくためのビジネスプラットフォーム「Bridgestone T&DPaaS」を立ち上げる。
化学 **富士フイルム** **ホールディングス株式会社** URL https://www.fujifilm.com/jp/ja	富士フイルムと富士ゼロックスを傘下に持つ持株会社。医療画像診断支援AIプラットフォーム「SYNAPSE SAI viewer」を提供。CT画像から肺などの臓器を認識・抽出して、臓器の体積やサイズの計測を可能にしている。
化学 **花王株式会社** URL https://www.kao.com/jp/	大手化学メーカー。Preferred Networks社と共同し、皮脂RNAモニタリング技術の実用化に向けた「Kao×PFN 皮脂RNAプロジェクト」を推進。AI技術を応用した美容カウンセリングのサービスを構築している。
医薬品 **大塚製薬株式会社** URL https://www.otsuka.co.jp/	NECと共同して、脳梗塞治療薬の飲み忘れを防止する通信機能付きの服薬支援モジュールを開発。また、日本IBMとの合弁会社「大塚デジタルヘルス」を設立し、データ分析ソリューション「MENTAT」の販売を進めている。
医薬品 **中外製薬株式会社** URL https://www.chugai-pharm.co.jp/	2020年8月の経産省による「DX銘柄2020」に医薬品業で唯一選ばれる。日本アイ・ビー・エム株式会社と協働し、生産機能のDXを展開。デジタルプラントの実現を目指している。
食料品 **アサヒグループ** **ホールディングス株式会社** URL https://www.asahigroup-holdings.com/	飲料や食品を手がける日本大手メーカー。AIとVR技術を連動させて、商品のパッケージデザインを自動で生成する「AIクリエーターシステム」と、架空商品棚を再現するための「VR商品パッケージ開発支援システム」を開発。
食料品 **日清食品ホールディングス株式会社** URL https://www.nissin.com/jp/	「働き方改革」「経営基盤の標準化」「情報セキュリティの推進」の3つの軸をDXの推進策としている。システム開発を内製化するため、サイボウズ株式会社の「Kintone」を採用。
教育 **株式会社ベネッセコーポレーション** URL https://www.benesse.co.jp/	DX推進にあたり、サービスの電子化やクラウド化、PaaSの導入を進めている。教科書や参考書などのテキストはタブレット化して提供し、受講者のレベルに合わせて最適なコンテンツが提案されるようになっている。
郵便 **日本郵便株式会社** URL https://www.post.japanpost.jp/	郵便事業と郵便局の運営を行う。物流のデジタル改革を目的に楽天と提携し、新物流拠点や配送網の構築、新会社設立を含む物流DXプラットフォームの共同事業化などを検討していくとされている。
ガラス・土石製品 **AGC株式会社** URL https://www.agc.com/	世界大手のガラスメーカー。「スマートAGC」をコンセプトにDXを推進。2020年には、ガラス製造において熟練者の知見を蓄積し、作業時にかんたんに知見を引き出せるAI Q&Aシステム「匠KIBIT」を開発した。

DX関連注目企業リスト

情報・通信業 **ソフトバンク株式会社** URL https://www.softbank.jp/	携帯電話などの電気通信事業者。2017年10月にDX本部を新設。医療や物流、都市開発などさまざまな領域で取り組みを行う。2020年10月には日本通運と共同し、DXを支援する会社「MeeTruck株式会社」を設立。
情報・通信業 **株式会社エヌ・ティ・ティ・データ** URL https://www.nttdata.com/jp/ja/	あらゆる分野での実績を持つ日本のシステムインテグレーター。事業をグローバルで展開させようとする試みや、デジタル技術を活用したサービス創出など、DX推進のための取り組みがなされている。
情報・通信業 **株式会社野村総合研究所** URL https://www.nri.com/jp/	日本最大手のシンクタンク、コンサルティングファーム、システムインテグレーター。DXを目指す企業のクラウド活用を支援する「atlax」を提供。DX推進のためにさまざまな形態で支援している。
情報・通信業 **Zホールディングス株式会社** URL https://www.z-holdings.co.jp/	ソフトバンクグループ傘下の日本の持株会社。オンラインからオフラインへ誘導する「O2O」への取り組みや、ビッグデータを活用して課題解決につなげるインサイトを提供するデータソリューションサービスを事業化している。
情報・通信業 **伊藤忠テクノソリューションズ株式会社** URL https://www.ctc-g.co.jp/	コンピュータやネットワークをはじめとしたコンサルティングのほか、システムの開発・運用・保守などを行う。DXに向けたプロダクト開発やデジタル活用における支援サービスを提供している。
電気・ガス業 **東京ガス株式会社** URL https://www.tokyo-gas.co.jp/	ヘッドマウントディスプレイによる現場作業やドローンによる高所設備の実証実験、RPAによる定型業務の自動化やRFIDタグの導入による棚卸業務の効率化など、DX推進のための取り組みを行っている。
建設業 **鹿島建設株式会社** URL https://www.kajima.co.jp/	日本の大手総合建設会社。遠隔モニタリングシステムや鉄骨溶接ロボット、自動巡回ドローンなど、その取り組みは多岐にわたる。「鹿島スマート生産ビジョン」を掲げ、建設現場のDXを推し進めている。
卸売業 **住友商事株式会社** URL https://www.sumitomocorp.com/ja/jp	2018年4月に専任組織「DXセンター」を設置。2021年1月からは、株式会社ビザスクと共同し、「企業内DX推進コミュニティ」の運営を開始。
卸売業 **トラスコ中山株式会社** URL http://www.trusco.co.jp/	機械工具や物流機器などのプロツール（工場用副資材）を扱う。新規ビジネス「MROストッカー」や、デジタルと物流機器の融合による物流センターの建設など、さまざまな取り組みを行っている。
サービス業 **株式会社ディー・エヌ・エー** URL https://dena.com/jp/	ゲームやスポーツ、ライブストリーミングなどさまざまな事業を手がける。データ分析コンペ「Kaggle」の導入や、日々の行動で金利負担を低減する「Rerep」などを提供している。

不動産業 **株式会社GA technologies** URL https://www.ga-tech.co.jp/	AIを活用した不動産事業を手がける。「テクノロジー×イノベーションで、人々に感動を。」を経営理念とし、自社のDXのみならず、不動産業界全体にDXを推進させるため、他社向けにSaaSの開発・提供を行う。
銀行業 **株式会社りそなホールディングス** URL https://www.resona-gr.co.jp/	スマートフォンアプリ「りそなグループアプリ」をDXの中核チャネルとして位置付けている。店舗にはセミセルフ端末「クイックナビ」を導入し、伝票や印鑑なしでも取引可能な体制を構築している。
陸運業 **東日本旅客鉄道会社** URL https://www.jreast.co.jp/	タクシーやシェアサイクルなどの各種モビリティサービスを統合したアプリ「Ringo Pass」をリリース。また、SQUEEZEおよびJR東日本スタートアップと「ホテル運営のDX」の領域で協業。
空運業 **ANAホールディングス株式会社** URL https://www.ana.co.jp/group/	全日本空輸を中心とする企業グループ。生産性向上のため、顔認証搭乗モデルや空港内バス自動化などの取り組みを行うほか、遠隔地のロボットを自分の分身のようにする「ANA AVATAR VISION」プロジェクトを推進。
IT **Amazon.com, Inc.** URL https://www.amazon.com/	米国に本拠地を置き、世界最大のECサイト「Amazon」を運営。注文後にすぐに届ける「Amazon Prime Now」の提供をはじめ、コールセンターではDXによって本人認証が最適化されるなどしている。
IT **Google LLC** URL https://www.google.co.jp/	総合IT企業。AIが人間にかわってレストランやホテルへの電話予約を行う「Google Duplex」(2021年2月現在、日本では未実装)や、公共クラウドサービス「Google Cloud Platform」を提供している。
IT **Uber Technologies, Inc.** URL https://investor.uber.com/	米国に本拠地を置くテクノロジー会社。インターネットを介して売り手と買い手をつなぐ事業として、自動車の配車サービスと料理の配達サービスを展開。日本にも浸透してきている。
IT **日本マイクロソフト株式会社** URL https://www.microsoft.com/ja-jp	世界を代表するソフトウェアメーカー。金融機関向けのDX変革特別支援施策として、新たなパートナー協業プログラム「Microsoft Enterprise Accelerator- FinTech / Insurtech」などを開始している。
IT **日本ユニシス株式会社** URL https://www.unisys.co.jp/	ビジネスソリューションを提供する会社。ビジネス変革や顧客体験の提供支援、働き方、データ活用によるビジネスの活性化など、さまざまな視点からサービスを提案。事例も豊富にある。
IT **DN Technology& Innovation株式会社** URL https://www.dnti.co.jp	DX／ITコンサルタント、データサイエンティスト、ベンチャーキャピタリストなどの各専門家が集まり、デジタル×ファイナンス×デザインをかけ合わせて、ユーザー企業とともにDXを一体的に推進する共創的パートナー。

Index

159

■ 問い合わせについて

本書の内容に関するご質問は、下記の宛先まで FAX または書面にてお送りください。
なお電話によるご質問、および本書に記載されている内容以外の事柄に関するご質
問にはお答えできかねます。あらかじめご了承ください。

〒 162-0846
東京都新宿区市谷左内町 21-13
株式会社技術評論社　書籍編集部
「60 分でわかる！　DX　最前線」質問係
FAX：03-3513-6167
https://book.gihyo.jp/116

※ご質問の際に記載いただいた個人情報は、ご質問の返答以外の目的には使用いたしません。
　また、ご質問の返答後は速やかに破棄させていただきます。

60 分でわかる！　DX　最前線

2021 年 5 月 1 日　初版　第 1 刷発行
2022 年 10 月 27 日　初版　第 4 刷発行

著者 ………………………… 兼安　暁
発行者 ……………………… 片岡　巌
発行所 ……………………… 株式会社　技術評論社
　　　　　　　　　　　　　　東京都新宿区市谷左内町 21-13
電話 ………………………… 03-3513-6150　販売促進部
　　　　　　　　　　　　　　03-3513-6160　書籍編集部
編集 ………………………… リンクアップ
担当 ………………………… 伊藤　鮎
装丁 ………………………… 菊池　祐（株式会社ライラック）
本文デザイン・DTP ……… リンクアップ
製本／印刷 ………………… 大日本印刷株式会社

ISBN978-4-297-12032-0　C3055

Printed in Japan